2021年度辽宁省教育厅基本科研项目（青年

势群体为原型的公共空间研究"（项目编号：LJKQR2021035）项目成果

鲁迅美术学院学术著作出版基金资助

空 间 设 计

赵袁冰　著

中国文联出版社

图书在版编目（CIP）数据

空间设计 / 赵袁冰著 . -- 北京：中国文联出版社，
2024. 11. -- ISBN 978-7-5190-5706-0

Ⅰ . TU247

中国国家版本馆 CIP 数据核字第 2024DC8888 号

著　　者	赵袁冰
责任编辑	胡　笋
责任校对	秀点校对
封面设计	吴　睿

出版发行	中国文联出版社有限公司
社　　址	北京市朝阳区农展馆南里 10 号　　邮编 100125
电　　话	010-85923025（发行部）010-85923091（总编室）
经　　销	全国新华书店等
印　　刷	天津和萱印刷有限公司

开　　本	710 毫米 ×1000 毫米　　　1/16
印　　张	11
字　　数	168 千字
版次印次	2024 年 11 月第 1 版第 1 次印刷
定　　价	98.00 元

自　序

　　歌德说，除了艺术之外，没有更妥善的选世之方，而要与世界联系，也没有一种方法比艺术更好。

　　设计师是一群入世的人，看得见脚下的地面又希望用设计向艺术架起桥梁。设计是发现问题并解决问题的过程，这要求设计师既需要懂物，更需要懂人。设计师需要懂物，包括空间的构造、力学的必然、材料的局限等诸多内容。设计师需要懂人，包括你的客户、你的用户、商业的法则和社会的常识。

　　对于设计我们不断探索，不断修正；作为设计的实践者，我们了解自己的局限性，不自以为是，坚持但不固执。我们关注当下，从过去汲取养分，以未来为目标。我们愿身体力行不断尝试空间的可能性与设计的方法论。如果说艺术是人类最接近神性的尝试，那设计便是对于人性的反复感悟，懂得所以值得。

　　一切刚刚开始，一切未完待续。

目　录

第一章　空间设计概述

空间设计是一种综合性较高的门类，旨在创造功能性、舒适性和美观性兼备的物理环境。它不仅仅涉及空间的布局和美学，还需要考虑人体工程学、心理学、文化背景、材料选择、施工工艺等多方面的因素，以满足人们在不同环境中的需求和体验。空间设计也是一种有目的的创作活动，通过对空间的规划、组织和装饰，优化其功能和美感，使其适应特定的使用需求和审美要求。它涵盖了从建筑物内部的居住和工作环境，到外部的公共空间和商业空间的设计。

第一节　空间设计的历史与发展

空间设计具有较悠久的历史，从古埃及的金字塔、古希腊的神庙，到文艺复兴时期的宫殿和教堂，各个时代的建筑和室内设计都体现了当时的文化、技术和美学观念。随着工业革命和现代科技的发展，空间设计逐渐成为一门独立的专业学科，并受到现代主义、后现代主义等不同设计思潮的影响，不断演变和创新。

伴随着人类文明的不断演进，空间设计也在不断发展。从早期的简单居住环境，到现代复杂的城市建筑，空间设计的演进脉络也展现了人类对美好生活环境的不断追求和探索。

一、西方空间设计的历史与发展概述

（一）古代文明的空间设计
古埃及：古埃及的空间设计以宏伟的建筑和精细的装饰著称。金字塔和

庙宇是其代表，金字塔的精确布局和庙宇的对称设计体现了设计师对空间的理解和运用。内部装饰大量使用象形文字和浮雕，展示了宗教和权力的象征。

古希腊：古希腊的建筑和空间设计注重比例和对称，其典型代表为帕提侬神庙。古希腊设计师强调黄金比例，创造出视觉上和谐的空间。剧院和体育场的设计也展示了对公共空间的重视，体现了功能性与美学的结合。

古罗马：古罗马在空间设计上有着显著的发展，特别是在城市规划和基础设施方面。古罗马的广场、浴场和剧场展示了对复杂的空间布局和公共设施的应用。古罗马斗兽场是其代表，体现了建筑技术和空间设计的高度融合。

（二）中世纪和文艺复兴时期

中世纪：中世纪的空间设计主要体现在教堂和城堡的建设上。哥特式教堂以其高耸的尖顶和复杂的花窗玻璃设计闻名，巴黎圣母院就是典型代表。城堡设计注重防御功能，内部空间布局严密，也从一个侧面折射出中世纪的社会结构和生活方式。

文艺复兴：文艺复兴时期，空间设计回归古典美学，强调和谐与对称。佛罗伦萨的圣母百花大教堂和罗马的圣彼得大教堂是这一时期的代表作品。建筑师如布鲁内莱斯基（Filippo Brunelleschi）和米开朗琪罗（Michelangelo Buonarroti）通过创新的设计，推动了建筑艺术的发展，体现了人文主义思想的影响。

（三）巴洛克和新古典主义时期

巴洛克时期：巴洛克时期的空间设计以其华丽、戏剧性和动感著称。凡尔赛宫是这一时期的杰出代表，宏大的空间布局和精美的装饰展示了王权的奢华和威严。巴洛克设计强调光影效果，通过复杂的曲线和装饰元素创造出富有动态感的空间。

新古典主义：新古典主义反映了对古典文化的再发现和模仿，强调简洁和庄重。华盛顿特区的国会大厦和巴黎的凯旋门是这一时期的代表作品。新古典主义的空间设计追求理性和秩序，通过对古典元素的现代化应用，创造出稳重和优雅的空间。

（四）现代主义与后现代主义

现代主义：20世纪初，现代主义运动兴起，强调功能性、简洁性和技术创新。包豪斯学派和勒·柯布西耶是现代主义的重要代表。勒·柯布西耶提出的"住宅是居住的机器"理念，影响了现代住宅设计。包豪斯注重功能与形式的统一，通过简洁的几何形态和新材料的应用，推动了现代建筑的发展。

后现代主义：20世纪中叶，后现代主义作为对现代主义的反叛，强调多样性和装饰性。后现代主义设计融合了历史元素和文化符号，追求形式的多样性和表达的丰富性。菲利普·约翰逊的AT&T大楼是这一时期的代表作，展示了对传统建筑形式的重新解读和创新。

（五）当代空间设计

高科技与生态设计：进入21世纪，科技进步和环保意识的增强推动了高科技与生态设计的发展。智能建筑、绿色建筑和可持续设计成为热点。伦敦的"黄瓜"大厦（The Gherkin, 30 St. Mary Axe）和新加坡的滨海湾金沙酒店展示了高科技在空间设计中的应用，通过智能控制系统和环保材料，创造出高效、环保的空间。

社会变化与多元化：当代空间设计注重多元化和包容性，回应社会变化和人们多样化的需求。适应老龄化社会的无障碍设计、促进社交互动的共享空间设计以及满足个性化需求的定制设计，都体现了当代空间设计的人性化和多样化趋势。

二、中国空间设计的历史与发展概述

（一）唐代以前

中国的空间设计可以追溯到先秦时期，当时建筑设计和空间布局已经初具规模。周代的礼制建筑如宫殿、宗庙，体现了严格的等级制度和轴线对称的布局思想。汉代至隋唐时期，中国的城市规划和宫殿建筑达到了一个高峰，特别是在长安和洛阳等古都的规划中，展现出严谨的空间组织和布局设计。这一时期的空间设计强调中轴线、对称性和空间的等级分层。

（二）宋代与园林设计

宋代是中国建筑与空间设计的重要发展时期，尤其是园林设计开始独树一帜。苏州园林是这一时期空间设计的代表，体现了人与自然和谐共处的理念。宋代园林设计讲究"虽由人作，宛自天开"，即通过精心设计，使人造景观与自然环境无缝融合。这一时期的空间设计更注重人的情感体验，形成了独特的中国传统园林美学。

（三）明清时期

明清时期，中国的空间设计进一步发展，特别是在宫廷建筑和民居设计中达到了新的高度。北京的紫禁城是明清时期宫廷建筑的代表，表现了极高的空间组织和布局技巧。紫禁城的设计中轴线明确，建筑群体对称分布，体现了封建社会的等级观念和儒家思想。同时，江南地区的私家庭院和北方的四合院等传统民居也在这一时期形成，展现了中国传统住宅的空间布局特色。

（四）近代时期

鸦片战争后，中国逐渐受到西方文化的影响，传统的空间设计理念与西方建筑风格开始融合。晚清至民国时期，许多城市进行了现代化改造，出现了大量中西结合的建筑设计。上海的租界建筑就是这一时期的代表，体现了中西合璧的设计风格。

（五）现代与当代

中华人民共和国成立后，空间设计经历了从苏联模式到本土探索的过程。改革开放后，中国的空间设计进入了快速发展的阶段，国际化与本土化结合的设计理念开始盛行。近年来，随着可持续设计理念的引入，中国的空间设计越来越重视生态、环保与智能化，同时也在探索如何更好地传承和创新传统文化。

中国空间设计的发展历史既反映了文化与社会的变迁，也体现了中西文化的碰撞与融合。从古代的礼制建筑到现代的高层建筑，中国的空间设计在不断创新与发展，为世界提供了独特的设计理念和美学思想。

空间设计的历史是一部不断演进和创新的历程，从古代文明的宏伟建筑到当代多元化的空间创作，每个时期的设计理念和技术都在不断推动着这一学科的发展。通过对历史的回顾，我们可以更好地理解空间设计的演变过程和未来发展趋势，从而创造出更加符合人类生活需求和审美需求的空间环境。

第二节　空间设计及其影响因素

如果从较为抽象的角度来看，或者我们可以将空间设计的基本元素提炼为点、线、面、体，以及光线和颜色等。通过这些元素的巧妙组合和配置，设计师能够创造出具有节奏、层次和动感的空间效果。例如，线条的运用可以引导视线，增加空间的深度；色彩的搭配可以营造出不同的情感氛围；光线的设计则能突出空间的重点和特色。

一、空间与人的关系

空间设计不仅要考虑美学因素，更要关注使用者的需求和体验。人体工程学在空间设计中也起到十分重要的作用，它通过研究人体尺度和行为模式，指导空间的布局和家具的设计，确保舒适性和便利性。而对于心理学知识的了解则可以帮助设计师理解不同空间对人情绪和行为的影响，进而创造出既满足功能需求，又能提升幸福感的环境。

二、文化背景对设计的影响

设计师和用户的文化背景都深刻影响着空间设计的理念和风格。不同的文化背景的人群有着独特的生活方式、价值观和审美标准，这些都会影响设计师的设计理念，同时也影响着使用者对于空间的设计需求。例如，东方文化强调自然与和谐，空间设计多采用简约、对称的布局和天然材料；西方文化则更注重个性和创新，设计风格多样、色彩丰富。理解和尊重文化背景，有助于设计师创造出具有地方特色和文化内涵的空间。

笔者作为一位从业多年的空间设计师，在美院教学之余进行了大量的空间设计的实践，并成立了赵袁冰设计工作室（BDL）。以下内容是笔者根据从业经验和个人设计创作进行的关于空间设计的阐述，结合了笔者的实际案例分享以及设计经验和设计思考。在每一个案例中均附上了一部分笔者的设计草图、平面图、效果图和成品图等。

第二章　公共空间设计

公共空间设计概述

　　公共空间设计是城市设计和建筑学的一个重要分支，涉及如何通过设计创造适合公众使用的开放空间。这些空间包括广场、公园、街道、交通枢纽等，是城市生活的核心组成部分。公共空间不仅为市民提供了休闲、社交和文化活动的场所，还在促进社会互动、提升城市形象和改善环境质量等方面起着至关重要的作用。

一、公共空间的范畴与功能

　　公共空间的设计必须满足多种功能需求，包括日常生活、文化展示、社交互动、交通流通等。扬·盖尔（Jan Gehl）在《为人而建的城市》（*Cities for People*）中指出，良好的公共空间设计应当以人为本，通过提供舒适、安全和富有吸引力的环境，促进人们的日常活动。[①]他强调，公共空间的设计不仅是物理空间的规划，更是社会生活的舞台，必须考虑人的行为模式和心理需求。

　　公共空间的设计还必须考虑多样性和包容性。威廉姆·怀特（William H. Whyte）在《小型城市空间的社会生活》（*The Social Life of Small Urban Spaces*）中强调了公共空间的社会功能，认为这些空间应该是多样化的，能够满足不同年龄、背景的市民需求。[②]例如，纽约市的布莱恩公园通过精心设

---

① 盖尔，J. 为人而建的城市［M］.华盛顿D.C.：岛屿出版社，2010.

② 怀特，W. H. 小型城市空间的社会生活［M］.纽约：公共空间项目公司，1980.

计的座椅、绿化和活动，成功吸引了来自各个阶层的市民和游客，成为城市公共空间设计的典范。

二、空间布局与环境心理学

空间布局是公共空间设计的核心问题之一。设计师需要考虑如何通过合理的空间组织和动线规划，使空间既具备功能性，又能激发用户的积极体验。凯文·林奇（Kevin Lynch）在其经典著作《城市意象》（*The Image of the City*）中提出，城市中的公共空间应具有清晰的路径、节点、边界和地标，以帮助用户形成清晰的空间认知，增强他们在空间中的安全感和归属感。[1]

环境心理学的研究进一步揭示了空间布局对人们行为和心理的影响。罗杰·乌尔里奇（Roger Ulrich）在《通过窗户的景色可能影响手术后的恢复》（*View Through a Window May Influence Recovery from Surgery*）中指出，公共空间中的自然元素如绿地、水体和植物，能够显著提升用户的心理健康和情绪状态。[2]因此，在公共空间设计中，融入自然元素不仅有助于提升空间的美学价值，还能改善市民的身心健康。例如，伦敦的海德公园通过湖泊、草地和树木的有机布局，营造出一个自然与都市融合的公共空间，深受市民的喜爱。

三、可持续性与生态设计

随着人们环保意识的增强，可持续性已成为公共空间设计中的关键议题。可持续性设计强调在规划和设计公共空间时，最大限度地减少对环境的负面影响，并通过设计手段实现资源的有效利用。安·维斯特·斯皮尔恩（Anne Whiston Spirn）在《花岗岩花园：城市自然与人类设计》（*The Granite Garden*: *Urban Nature and Human Design*）中探讨了如何将生态原则融入城市公共空间设计，以创造出可持续且具恢复力的城市环境。[3]

具体而言，公共空间的可持续设计可以通过以下方式实现：利用可再生

---

[1] 林奇，K. 城市意象 [M].剑桥：麻省理工学院出版社，1960.

[2] 乌尔里奇，R. S. 通过窗户的景色可能影响手术后的恢复 [J].科学，1984，224(4647)：420–421.

[3] 斯皮尔恩，A. W. 花岗岩花园：城市自然与人类设计 [M].纽约：基础图书公司，1984.

材料、采用雨水收集系统、引入本地植物群落、优化能源使用等。例如，德国柏林的滕珀尔霍夫（Tempelhofer Feld）公园在设计中保留了原有的生态系统，并通过社区参与项目，将其打造成一个兼具生态价值和社会功能的公共空间。^①这种设计不仅降低了维护成本，还增强了市民对自然环境的认同感。

四、社会互动与文化表达

公共空间是社会互动和文化表达的重要场所。良好的公共空间的设计可以促进市民之间的交流，增强社区的凝聚力。理查德·塞内特（Richard Sennett）在《公共人的衰落》（*The Fall of Public Man*）中指出，公共空间是现代城市中仅存的可以促进市民互动和表达公共意愿的场所，其设计应当鼓励人与人之间的交流和互动。^②

此外，公共空间还承担着文化展示和传播的职责。亚历山大·卡思伯特（Alexander Cuthbert）在《城市形态：政治经济学与城市设计》（*The Form of Cities: Political Economy and Urban Design*）中提到，公共空间设计应当考虑文化符号的表达和历史记忆的保存，通过雕塑、纪念碑和艺术装置等手段，增强空间的文化深度。^③例如，巴黎的香榭丽舍大街不仅是一个交通枢纽，更是一个充满历史和文化意义的公共空间，通过其具有纪念性的建筑和公共空间设计，传达了法国的历史与文化。

五、公共空间设计的挑战与未来趋势

尽管公共空间设计取得了许多成就，但也面临诸多挑战。城市化进程的加快使得土地资源日益紧张，如何在有限的空间内创造高质量的公共空间成为设计师面临的难题。此外，随着技术的发展，数字化和智能化正在改变人

---

① 比特利，T. 生物爱好城市：将自然融入城市设计与规划 [M].华盛顿D.C.：岛屿出版社，2011.

② 塞内特，R. 公共人的衰落 [M].纽约：阿尔弗雷德·A.克诺夫出版社，1977.

③ 卡思伯特，A.R. 城市形态：政治经济学与城市设计 [M].马尔登：威利－布莱克威尔出版社，2006.

们使用公共空间的方式，这对传统的设计理念提出了新的要求。

　　未来，公共空间设计或许应该更加注重多功能性和灵活性。设计师需要考虑如何在同一空间内实现多种功能的叠加，使空间能够适应不同的活动和需求。同时，随着智能城市的发展，公共空间设计将更多地融入智能技术，如智能座椅、互动装置和实时数据分析等，以提升空间的使用效率和用户体验。[①]

第二节　公共空间中的无障碍设计概述

　　无障碍设计（Barrier-Free Design）在公共空间中至关重要，其核心目标是为所有人提供平等的访问和使用机会，不论其身体能力如何。随着全球对人权、平等和包容性理念的日益重视，无障碍设计不仅成为法律规定的一部分，也被广泛认为是社会进步的重要体现。根据伊姆里和霍尔（Imrie&Hall）在《包容性设计：设计与开发无障碍环境》（*Inclusive Design: Designing and Developing Accessible Environments*）一书中的研究，无障碍设计不仅服务于残障人士，还涵盖了老年人、儿童、孕妇以及其他在某些情况下可能有特殊需求的人群。[②]

一、无障碍设计的基本原则

　　无障碍设计的基本原则包括可达性、可操作性、安全性和舒适性。这些原则旨在消除物理、感官和认知障碍，以确保所有人都能独立、方便和有尊严地使用公共设施。根据普赖瑟和奥斯特罗夫（Preiser & Ostroff）在《通用设计手册》（*Universal Design Handbook*）中的讨论，这些原则不仅是理论上的

---

① 汤森，A.M. 智慧城市：大数据、公民黑客与新乌托邦的追求［M］.纽约：W. W. 诺顿公司，2013.

② 伊姆里，R.，霍尔，P. 包容性设计：设计与开发无障碍环境［M］.伦敦：泰勒与弗朗西斯出版社，2001.

要求，在实践中也得到了广泛应用。① 例如，在日本，设计师通过应用大量的先进技术和方法，确保公共空间的可达性和舒适性。无障碍设计在社会日常中有着十分重要的作用。

二、无障碍设计的法律框架

许多国家已将无障碍设计纳入法律框架。例如，美国的《美国残疾人法案》（*Americans with Disabilities Act*, ADA）要求所有新建和改建的公共设施必须符合无障碍设计标准。根据斯坦菲尔德和麦瑟尔（Steinfeld & Maisel）在《通用设计：创建包容性环境》（*Universal Design*: *Creating Inclusive Environments*）中的分析，这一法律框架不仅在美国具有深远影响，也为其他国家和地区的无障碍设计提供了参考和借鉴。② 在欧洲，欧盟也发布了相应的无障碍设计指引，促进公共空间的包容性设计。城市无障碍设计得到越来越多的公众的关注和重视，使无障碍设计成为城市建设中的基本要求。③

三、典型案例分析

（一）纽约中央公园的无障碍设计

纽约中央公园（Central Park）的无障碍设计是一个广受赞誉的案例。根据普赖瑟和奥斯特罗夫的研究，公园内的步道系统经过精心设计，确保轮椅用户可以顺利通行。坡道和电梯的位置经过精确规划，避免陡坡的出现，并与公园的自然景观巧妙结合，使得无障碍设施既实用又美观。此外，公园还为视障人士提供了带有盲文标识的路径和触觉地图，以帮助他们在公园中导航。这一设计不仅考虑了无障碍的实际需求，也体现了设计的美学和人性化。

（二）日本东京都政府大楼的无障碍设计

日本东京都政府大楼是一个结合了高科技与无障碍设计的典范。根据斯科特（Scott）在《为残疾人设计：新范式》（*Design for the Disabled: The New*

① 普赖瑟，W. F. E.，奥斯特罗夫，E. 通用设计手册 [M].纽约：麦格劳－希尔出版社，2001.
② 斯坦菲尔德，E.，麦瑟尔，J. 通用设计：创建包容性环境 [M].霍博肯：约翰·威利出版社，2012.
③ 美国司法部.美国残疾人法无障碍设计标准 [S].华盛顿 D.C.：美国政府印刷局，2010.

Paradigm）中的描述，该建筑不仅设有宽敞的无障碍通道、专用电梯和无障碍卫生间，还安装了语音导航系统，帮助视障人士独立行动。[①]建筑内外的坡道和地面标识也经过精心设计，以确保轮椅使用者和其他行动不便的人士能够方便地使用坡道和道路。这一案例展示了无障碍设计在现代建筑中的应用，并表明高科技可以显著提升无障碍设计的效果和用户体验。

（三）伦敦地铁的无障碍改造

伦敦地铁作为世界上最古老的地铁系统之一，面临着如何在老旧基础设施中实施无障碍设计的挑战。近年来，伦敦交通局（Transport for London, TfL）实施了一系列无障碍改造工程，包括安装电梯、扩大自动扶梯数量、优化车站布局等措施。[②]虽然仍有部分车站由于历史建筑的限制难以完全无障碍化，但这些改造已显著提高了整个系统的可达性。这一改造过程不仅改善了公共交通的无障碍性，也为全球其他老旧基础设施的改造提供了宝贵经验。斯坦菲尔德和麦瑟尔在他们的研究中指出，这些改造不仅仅是技术上的挑战，还涉及文化和社会层面的转变。

四、无障碍设计的挑战与未来

尽管无障碍设计在全球范围内取得了显著进展，但实施过程中仍然面临诸多挑战。根据海尔格伦和比安琴（Heylighen & Bianchin）的研究，老旧建筑和城市设施的改造成本高昂且技术难度大，许多历史悠久的公共空间在进行无障碍改造时，常常需要在保护历史价值和实现无障碍之间找到平衡点。[③]另一方面，尽管法律和标准不断完善，但实际执行中仍存在落实不到位的情况，尤其在一些发展中国家，公共空间的无障碍设计意识和实施情况还需进一步提升。

随着科技的进步，无障碍设计的未来展望更加广阔。智能技术的引入，如智能导航、语音识别和辅助设备，将为残障人士提供更大的便利性

---

① 斯科特，F. 为残疾人设计：新范式［M］.伦敦：RIBA 企业出版社，2009.
② 斯坦菲尔德，E.，麦瑟尔，J. 通用设计：创建包容性环境［M］.霍博肯：约翰·威利出版社，2012.
③ 海尔格伦，A.，比安琴，M. 包容性设计与优良设计的关联：作为审议性企业行为的设计［J］.设计研究，2013，34（1）：93-110.

和独立性。此外，在设计初期就融入无障碍设计的理念，强调"通用设计"（Universal Design）的概念，确保公共空间对所有人都友好和可达，这将成为未来公共空间设计的主流趋势。克拉克森（Clarkson）等人在《包容性设计：为全体人群设计》（*Inclusive Design*: *Design for the Whole Population*）中指出，这种设计理念不仅有助于创造更加包容的公共空间，还将促进社会的全面发展和进步。[①]

第三节 公共空间设计案例

一、沈阳全运社区

这个项目位于沈阳市浑南区，项目内容是把小区之前闲置的售楼处改造成有更高利用率的居民社区活动空间。在该项目中，笔者想把人们对于日常生活体验的需求与社区的共享空间相结合，可以让生活在这里的每一个普通人体会到居住在社区里的小小的幸福。在设计之初，笔者及团队提出了几个关键因素：共享、参与、共创、服务与便利，这一切都在围绕百姓的需求开展，包括里面的设施功能和设计语言，希望它能成为城市社区类项目的排头兵。这也是我们出于对所生活的这片沈城土地的无限热爱来设计的一个公益项目（见图2-1）。

图2-1 沈阳全运社区效果图

---

① 克拉克森，P.J.，科尔曼，R.，基茨，S.，等. 包容性设计：为全体人群设计［M］.伦敦：施普林格出版社，2003.

图2-1（续） 沈阳全运社区效果图

图2-1（续） 沈阳全运社区效果图

图2-1(续)　沈阳全运社区效果图

二、莫子山城市书房

几年前，除了教学以外，工作室的项目不多，一般都是委托。在这期间我们遇到了一次机会，便决定也参与一次设计招投标。这个地域位置非常地好，在沈阳市浑南区一个生态公园"莫子山公园"里。最吸引我们的是，它不仅仅是一个图书馆，更是一个服务于大众百姓的"城市书房"。

作为设计师的我们，无论大型项目还是迷你项目，从使用者的角度出发，都会对功能、材料、造型有所判断。我们想通过我们的设计来提供给社会更多的可能性，让人们通过空间体会到一种多样性的存在。这个投标项目的设计体现了我们对于公共空间的一种看法和观点。我们通过空间的设计把我们对于城市公共空间建设的美好期许融入了进去，我们围绕着书房这一概念，考虑到室内和室外环境的融合，将自然形态融合进实体空间，也同时将实体空间形态掩映进公园的生态环境里（见图2-2）。

图2-2　莫子山城市书房空间设计效果图

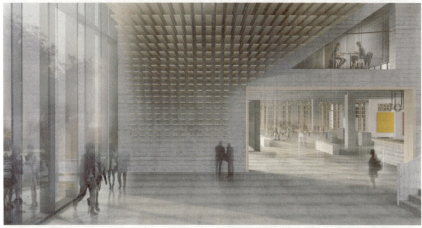

图2-2（续）　莫子山城市书房空间设计效果图

图2-2（续） 莫子山城市书房空间设计效果图

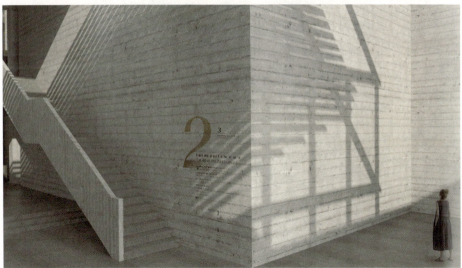

图2-2（续） 莫子山城市书房空间设计效果图

图2-2（续） 莫子山城市书房空间设计效果图

图2-2（续）　莫子山城市书房空间设计效果图

三、被安放的场所

"被安放的场所"是笔者与学生们一起，做的为期四个月对真实的空间项目进行的具有跨学科实验性的设计实践。空间设计作为一种实用设计与艺术理想融会贯通的学科，既是对空间客观性以及实用主义的致敬，又是对具有精神意向与艺术实现的追求与表达（见图2-3）。

我们完成了一个小型的展览，依据于项目实践中一些反复出现（包括错误）、持续发展的命题：居住、可实现、物质性、工艺、视觉、温度、光感、有与无、空与盈等关键词探讨被安放的场所以及场所中所被安放的内容。尽管呈现的作品优先考虑设计对社会、经济、技术与文化的介入实践，却远远不只是讲述某种故事，我们希望能够立体地展示一条融合客观认知与主观驱动、家居与都市、古典与现代、实用与幻想共存的轨迹。唯有如此，设计才能反映出人类生存的复杂、丰富与多样。场所，强调特定的功能，因人的参与而特别。场所是人们日常所发生一切的空间载体。围与合、容与纳，场所与每个人息息相关，设计为场所与人的互动提供方式与方法却未必被感知。这次实验可以让大家想起我们每日的生活与其发生的场所（见图2-4）。

图2-3 "被安放的场所"平面图

图2-3（续）"被安放的场所"平面图

图2-4 "被安放的场所"现场图

图2-4（续）"被安放的场所"现场图

四、菏泽中心

"菏泽中心"，寓意菏泽之繁华最核心的地段、最高品质的楼盘。它的网络介绍是这样的：

"菏泽中心是一个位于中华路以南、府南街以东、中山路以北、规划支路以西的综合性项目，提供住宅、大型社区、综合体科技住宅等……该项目还注重科技住宅的发展，提供科技化的居住体验，使其成为一个现代化的住宅综合体。菏泽中心的开发旨在为居民提供一个舒适、便利的生活环境，同时满足人们对高品质生活的追求。该项目不仅是一个住宅区，更是一个集生活、购物、休闲于一体的综合性社区，为居民提供全方位的生活服务。此外，菏泽中心的科技住宅特点，使其在同类项目中脱颖而出，成为菏泽市的一个亮点项目。"

了解项目的基本定位和方向后，我们与甲方进行沟通，从而充分了解了设计需求。在沟通的过程中，我们和甲方的交流十分有效，彼此对于项目未来的设计定位和方向是可以同频的。甲方所持观点除了是开发商所具备的商业逻辑、项目思维，更难得的是能从中看到他所身披的对项目的希望和期盼，甚至有些个人情怀。我们与甲方研究的方向围绕以什么方式重新开工，采用什么方式在避免大投入的前提下还能吸引客流、博人眼球，这就是这个项目最大的难点和亟须解决的问题。这一轮讨论下来，基本几个大方向的思考已确认：基础的结构不动、稍做减法；整体形象要易记、主体鲜明；考虑项目的差异化，菏泽中心与周边自然景观公园有什么区别、与旁边万达商圈有何不同、与不远处的另一个地产项目怎么处理人群画像；艺术化、色彩的运用，人群画像做完后定位项目以年轻群体为主——年轻夫妇、父母和孩子、男女朋友、高中以上学生；同时考虑到老人和儿童以及特殊需求人群的无障碍设计需求，还要考虑如何增加用户黏性和用户停留的时间，以及如何进行商业性的消费转化。

根据项目的目前情况我们重新思考了商业经营招商角度以及建筑立面审美角度两个方面的问题，给项目重新规划定位。比风格和美更重要的是：如何才能盘活二楼以上的商业；如何在保证建筑结构主体不变的情况下，改变建筑天际线以及纵深起伏关系，或是如何解决建筑表皮虚实关系的问题。我们带着这些问题做了两个主街方案，因为思路已然非常清晰，条件和工作内容也相对明确，时间效率都还算高，只是对真正的视觉喜好和判断还不知道准确与否，对我们发现的问题采用的解决方法是否有效还存有疑问，所以我们试着做了两个颠覆式的方案。一个走了孟菲斯风格，从外立面到地面拼装全部采用跳色、撞色的手法，主要材料就是涂料（我很怀疑它的耐久度和高级程度），配合着一些非装饰材料，如钢网、夹膜玻璃，局部使用了悬挑的二楼平台，打破原有的纵深关系以及天际线起伏。同时，把两个建筑连通，打破每一个独立的方盒子，这样二楼连廊通道还可以成为二楼商铺的外摆区域，这样大大增加了二楼商户的运营面积以及传播力度，同时又把整个建筑分割出另外一个层次。除了结构起伏以外，还有色彩分割了整个四层单体雷同的面貌，重新用色彩分割商业店铺，有一户单体也有两户三户连通；一楼采用牌匾预留以及外摆区域产生空间外延增容的手法；用景观梯来联动一楼人群去往二楼以上区域。景观梯带有打卡功能，这样给二楼以上区域赋能和引流；中心景观带的处理手法考虑到了招商主体的特征，我们采用赠送和免租形势来把中心景观带进行切割，形成多个单体范围提供给三层和四层商户使用，这样做除了提升三四层空间的出售出租优势，同时从客户的角度，把原本应该去投入装饰的景观空间做成预留，让用户后期自己去做外摆装饰，两全其美；通过景观绿植进行空间地面分割，解决了空间一马平川的视觉空洞感，增加几个高点绿植来配合建筑主体，同时利用可活动的台阶进行中景空间的视觉填充，也提升用户在来往时的停留转化。这样综合起来，利用这三种模块：通过局部绿植、商业赋能与转嫁、停留转化来完成了整个街区主体功能设计。同时通过适当的IP形象、互动打卡装置墙、许愿池、综合娱乐设施、儿童停留区域以及适当的可移动贩卖亭等内容做空间填充。使三十米宽的空间尽量饱和，也使三百米长的空间变得不再空洞，路程缩短，充分体现出"城市漫步"的主题（见图2-5）。

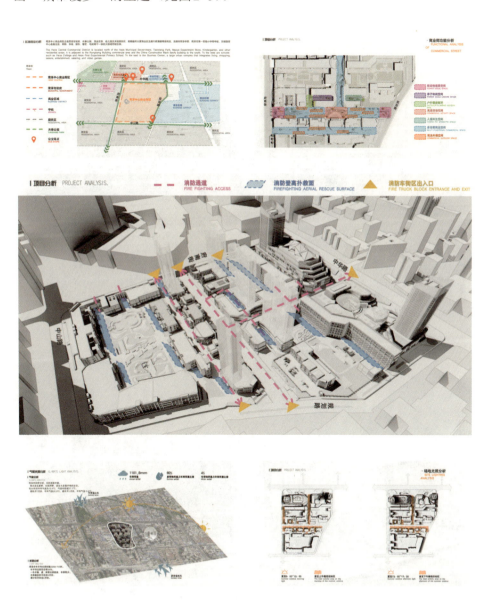

图2-5　菏泽中心设计提案

图2-5（续） 菏泽中心设计提案

图2-5(续)　菏泽中心设计提案

图2-5（续） 菏泽中心设计提案

日本社会观察家三浦展在《第四消费时代》中认为，高欲望社交，低欲望消费的第四消费时代将延续到2035年，然而在历经三年疫情后他修正了自己的观点，他认为，以孤独为典型特征的第五消费时代早在2021年就萌芽了，具体表现为：在情感上缺少其他人的支持和连接，在社交上缺少真正的沟通和互动。这种消费变化也提出了新的空间设计的需求。如何通过空间设计来提升城市生活感受，连接人与人、人与城市、人与社会之间的关系是设计的核心。从社会角度思考，将空间做成平台，让社区共建，形成长久经营模式。截止于此书稿进行时，这个项目已经完成了初期示意性汇报，一切正在进行中。

第三章　教育空间设计

第一节 教育空间设计概述

教育空间设计不仅仅是物理环境的构建，更是促进学习、激发创造力、增强社会互动的有力工具。随着教育理念的演进，现代教育空间设计强调灵活性、技术整合、自然环境的融入，以及社会交互的促进。这一领域的研究和实践表明，良好的教育空间设计能够显著提升学生的学习体验和成果。

一、教育空间的多样性和灵活性

现代教育空间设计越来越注重空间的多样性和灵活性，以适应各种教学模式和学习活动。研究表明，灵活的学习空间能够促进学生的自主性和参与度。例如，澳大利亚墨尔本大学在其"学习环境转型项目"中，通过引入模块化家具和可调节空间，增强了学习空间的适应性，支持了不同的教学活动。[1]这种设计方法的核心是通过设计思维的应用，特别是"以用户为中心"的设计，确保空间能够满足多样化的教学需求和学生的学习方式。[2]

二、自然环境与教育空间的融合

将自然环境融入教育空间设计已被证明有助于提升学生的心理健康和学

---

[1]　费舍尔，K. 有效学习环境的识别研究 [J].教育评估与研究，2005，19（1）：1-16.

[2]　布朗，T. 通过设计变革：设计思维如何改造组织并激发创新 [M].纽约：哈珀商业出版社，2009.

31

习效果。研究表明，接触自然环境能够有效改善学生的注意力和情绪状态。[①]
在芬兰赫尔辛基的阿尔托大学，新建的 Väre 大楼通过大面积的玻璃窗和室内
植物，将自然光和绿色元素引入学习空间，不仅提升了空间的美感，还增强
了学生的学习体验。[②]这种生物亲和设计（biophilic design）策略已成为现代教
育空间设计的重要趋势，通过引入自然元素，设计师能够创建更具活力和健
康的学习环境。

三、技术与空间设计的整合

技术的快速发展推动了教育空间设计的新变革。现代教育环境需要支持
多种数字化学习工具和平台，设计师必须考虑技术设施的集成与用户体验。
例如，新加坡南洋理工大学的"学习走廊"项目就成功地将先进的技术设备
与灵活的学习空间相结合，支持了混合式学习和远程教学。[③]在这一过程中，
设计团队通过原型测试和用户反馈，不断优化技术配置，以确保技术与空间
的无缝衔接和有效使用。[④]

四、社会交互与学习社区的构建

教育空间不仅是知识传递的场所，还是促进社会交互和协作学习的关键。
研究表明，社交互动对学生的学术发展和社会技能的提升至关重要。[⑤]丹麦奥
尔堡大学的"问题导向学习中心"（Problem-Based Learning Centre）通过开放
式设计和灵活的空间布局，创造了一个促进学生合作与交流的环境。[⑥]这个中
心的设计采用了参与式设计方法，设计团队与教师和学生共同设计了满足教

① 卡普兰，R. 自然的恢复性益处：走向一个综合框架［J］. 环境心理学杂志，1995，15（3）：
  169–182.
② 凯勒特，S. R. 生命建筑：设计与理解人类与自然的连接［M］. 华盛顿D.C.：岛屿出版社，2005.
③ 奥布林格，D. G. 学习空间［M］. 博尔德：EDUCAUSE出版社，2006.
④ 克罗斯，N. 设计思维：理解设计师的思维与工作方式［M］. 牛津：伯格出版社，2011.
⑤ 库赫，G. D. 我们从NSSE学到的关于学生参与的内容：有效教育实践的基准［J］. 变革：高等
  教育杂志，2003，35（2）：24–32.
⑥ 拉夫，J.，温格，E. 情境学习：合法的边缘参与［M］. 剑桥：剑桥大学出版社，1991.

学需求的空间，使得空间既适合个人学习，也适合小组讨论和项目合作。[①]

五、未来教育空间设计的展望

随着教育模式的多样化和个性化发展，未来的教育空间设计将更加注重个性化和可持续性。东京的未来学校项目展示了如何通过灵活的设计满足不同学习者的需求和学习风格。[②]该项目中的教室设计灵活多变，能够根据教学内容的不同进行调整，支持个性化学习和多样化的教学方法。[③]此外，未来的教育空间设计还将更加关注环保和可持续发展，使用环保材料和节能技术，为学生创造健康的学习环境。

教育空间设计是一个复杂而多维的过程，需要综合考虑空间的灵活性、自然元素的融入、技术的整合以及社会交互的促进。通过结合这些设计策略，现代教育空间能够更好地满足多样化的教育需求，提升学生的学习体验。未来，随着教育理念和技术的进一步发展，教育空间设计将继续演变，为教育提供更加创新和有效的支持。

第二节　教育空间设计案例

一、以校园公共空间无障碍设计为题

该案例是我们基于校园公共空间无障碍设计的观察和探讨所进行的试验性项目。目前全球有超过10亿的残疾人，占全球人口比例的15%，中国残疾人口达8500万，占人口比例的6.21%，辽宁省共有残疾人口224.2万，占人口比例的5.31%。在笔者日常的教学中，偶尔能看到需要特殊帮助的学生。这让笔者开始尝试从他们的角度进行思考，并组织一些感兴趣的学生以校园空间无障碍为主题展开设计。

---

① 桑德斯，E. B.N.，斯塔普斯，P. J. 共创与设计的新景观 [J].共创设计，2008，4（1）：5–18.

② 费舍尔，K. 有效学习环境的识别研究 [J].教育评估与研究，2005，19（1）：1–16.

③ 布朗，T. 通过设计变革：设计思维如何改造组织并激发创新 [M].纽约：哈珀商业出版社，2009.

一些学生进行了无障碍设计的概念性总结：无障碍设计（Universal Design）是指在产品、环境、程序和服务的设计过程中，考虑到所有人的需求，特别是那些有不同能力、年龄、身高和移动性的人。其目标是通过灵活和包容的设计，使每个人都能够平等地访问和使用各种设施和服务，从而促进社会的公平和包容，并提炼出相关的无障碍设计原则。

（一）无障碍设计的原则

无障碍设计基于下述七个核心原则，这些原则为设计师和工程师提供了指南，确保设计的包容性和实用性。

公平使用：设计应公平地对待不同能力的人，使他们能够无差别地使用产品或设施。

灵活使用：设计应适应不同的个人偏好和能力，提供多种使用方式。

简单直观：使用方式应易于理解，不论用户的经验、知识、语言技能或当前的注意力水平如何。

感知信息：设计应有效地传达必要的信息，不论用户的感官能力如何。

容错：设计应尽量减少使用错误的风险，并能容忍一定的错误操作。

低体力消耗：设计应尽量减少用户的体力消耗，使其能舒适地使用。

合适的空间和大小：设计应提供合适的尺寸和空间，以便所有用户能够方便地接近、操作和使用。

（二）无障碍设计的应用

无障碍设计的应用范围广泛，涵盖了建筑、产品设计、交通、数字平台等多个领域。例如，在建筑设计中，采用无障碍设计原则可以确保建筑物对所有人都具有可达性，如安装坡道、宽门、无障碍卫生间和电梯等。在数字平台上，无障碍设计则体现在提供屏幕阅读器兼容的网站、字幕和音频描述等辅助功能。

无障碍设计不仅仅是为了满足法律要求或提高便利性，它还体现了对所有人的尊重和包容。通过无障碍设计，我们能够创建一个更公平的社会，让每个人都能独立、自信地参与社会生活。这不仅提高了个人的生活质量，也增强了社会的整体福祉。

在这个主题下，通过对有特殊需求学生的日常生活的观察记录，我们对生活在这个学校空间里的一位有特殊需求的学生进行了画像：她喜欢北京德云社，她想毕业后加入德云社，成为一名设计师。所以她总是积极地面对生活，阳光向上。即便她的身体情况让她需要依靠轮椅才能够进行日常的活动和生活。她现在还是一名本科在读的大学生，学习的是艺术专业。她正为她的梦想而努力着。女孩日常的生活需要从家到学校往返，这便给她的生活提出了一个需要每天面对的问题——女孩到学校的必经之路上需要通过一道每天都上锁的铁门，据了解女孩有铁门钥匙，每次只能用钥匙打开铁门，但这个过程是极不方便的。上楼梯的时候她的父亲总得向路人寻求帮助，请旁边的男生帮着一起将她连同轮椅抬上楼。因为教室缺乏无障碍设计，她的父亲总是得把她抱到最后一排的椅子上，在教室外等着她下课。没有无障碍设计的厕所，女孩可能一天都不喝水，等着下课回家才能去厕所。虽然设有电梯但是日常却并不对学生开放。

针对这个女孩的画像，我们希望可以尝试从弱势群体的角度为原型来构建我们的校园公共空间。我们完成了这个小小的主题设计"送你一天小平路"。我们参照女孩日常的活动动线来进行情境假设，并在她每天都需要经过的一个室外楼梯上架起了一个坡道，进行了平面视觉化的宣传，这个坡道并没有太多的设计难度和施工难度，但是它可以为日常的每一个人提供生活的便利，比如需要特殊帮助的女孩、推婴儿车的母亲、抬着自行车的大爷、拎着行李箱的普通学生等，我们希望通过这一个小小的原型设计让人们关注到我们日常生活中不经意的细节，这些细节可以因为我们的关注和设计而变得更加便利和美好。

无障碍不仅体现在公共空间设施的无障碍，更重要的是心理无碍。美国著名盲人建筑设计师克里斯·唐尼（Chris Downey）曾说："世上其实只有两种人：一种有残疾的，另一种是还没发现他们自身的残疾的。"他曾回忆道："我在街上经常会听到一些人朝我说'祝福你老兄'，'加油兄弟'，'上帝保佑你'，我失明前可从没得到过这么多祝福。我当然知道这些祝福是出于怜悯，而我更倾向于觉得那是出于我们共同的人性，出于一种大家在一起的感觉。这也说明残障是跨越了民族、社会阶层、人种、经济状况的界限。"

残障是平权的提供者，人人皆可有份。所以，在设计一个校园的公共空间时，我们希望这个校园将会对所有人来说更加包容、更加公平、更加友好。那样的校园将会是非常美好的。所以，当我们去构想一个美妙的校园公共空间时，让我们以有特殊需求的群体为原型，而不是当模型已经定型之后才想起他们（见图3-1）。

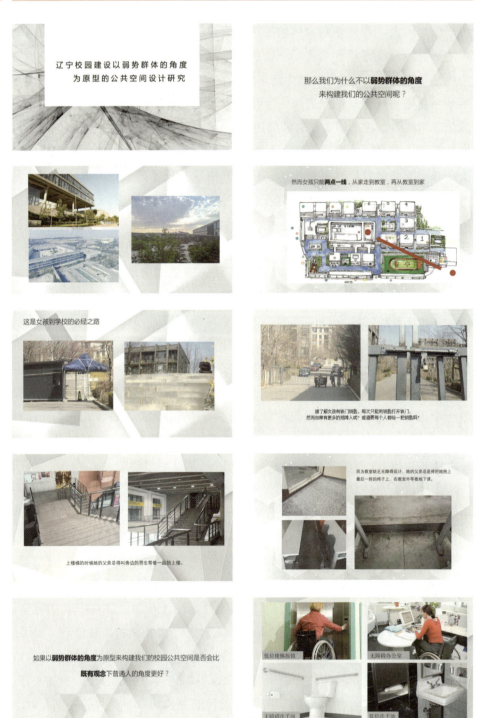

图3-1 "送你一天小平路"设计提案

我们以残坡道的设计为基础模型
从而开展整个校园公共空间的优化

坐轮椅的大爷

推婴儿车的老人

骑自行车的学生

拖行李箱的老师

所以，
当我们去构想一个美妙的校园公共空间时，让我们以**弱势群体为原型**，
而不是当模型已经**定型**之后才想起他们，那时候就**太晚了。**

无障碍不仅是公共空间的无障碍
更重要的是**心理无碍**

图3-1（续）"送你一天小平路"设计提案

二、欧瑞思幼儿园

欧瑞思是沈阳的一所国际幼儿园，园长有旅居国外的背景，对幼儿教育有自己的情怀。幼儿园原始的建筑是一个别墅区的售楼处，后来这个建筑被改建成了幼儿园。

我们被邀请来，主要想在主体结构不变的前提下来提升幼儿园原有的面貌。室内空间尽量简化，想把原有的售楼中心的较为商业化的设计语言尽量减弱，为老师和孩子们提供一个温暖和充满活力的空间。我们最终从成本、可实施度，到工期的角度，选择了通过色彩和软性材料的使用来打造空间的整体氛围。同时充分考虑环保和安全的因素，在这个前提下我们改造设计了这个2000平方米的幼儿园。在设计过程中我们想遵循的理念就是：将自然的颜色赋予建筑，让建筑的色彩洒满天空（见图3-2、图3-3、图3-4）。

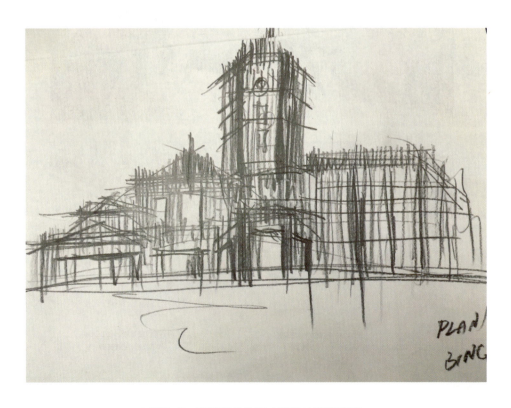

图3-2　欧瑞思幼儿园方案设计手绘草图

图3-3 欧睿思幼儿园方案设计平面图

图3-4 欧睿思幼儿园方案设计效果图

图3-4（续） 欧睿思幼儿园方案设计效果图

图3-4（续） 欧睿思幼儿园方案设计效果图

图3-4（续） 欧睿思幼儿园方案设计效果图

图3-4（续）　欧睿思幼儿园方案设计效果图

第四章　医疗空间设计

第一节　医疗空间设计概述

　　医疗空间设计在改善患者体验、提升医护人员工作效率以及促进康复过程方面起着至关重要的作用。随着医疗行业的发展，其空间设计的关注点从传统的功能性布局逐渐转向更具人性化、可持续性和技术整合的设计，以满足现代医疗空间的复杂需求。

一、以患者为中心的设计

　　以患者为中心的设计是现代医疗空间设计的核心理念之一。这一理念强调空间设计应优先考虑患者的舒适度、隐私保护以及情感需求。例如，在克利夫兰医学中心（Cleveland Clinic）的设计中，研究人员发现，通过增加自然光线、改善室内空气质量以及减少噪声污染，患者的满意度和康复速度显著提高。[①]这种设计策略基于"证据导向设计"（Evidence-Based Design, EBD）的方法，强调通过研究数据和临床证据来指导设计决策，从而最大化空间对患者康复的正面影响。[②]

---

① 乌尔里奇，R.S.，齐姆林格，C.，朱，X.，等.基于证据的医疗设计研究文献综述［J］.HERD：医疗环境研究与设计杂志，2008，1（3）：61–125.
② 汉密尔顿，D.K.，沃特金斯，D.H.基于证据的设计：多类型建筑［M］.霍博肯：约翰·威利出版社，2009.

二、促进医患互动与协作

医疗空间设计不仅仅关注患者的需求，还需要考虑如何优化医护人员的工作流程和促进医患之间的有效互动。研究表明，开放式的护士站设计和简化的动线布局可以显著提高护理效率，并减少疲劳。[①]例如，在梅奥医学中心的设计案例中，设计师通过缩短护理站与病房之间的距离，以及增加空间中医护人员可获得的视觉联通性，成功地改善了护理质量和团队协作效率。[②]这种设计方法强调通过"活动分析"（Activity Analysis）来优化空间使用和动线设计，以支持高效的医疗服务提供。[③]

三、自然元素的引入

将自然元素融入医疗空间设计已被证明能够有效改善患者的心理状态，减轻压力和焦虑。例如，美国得克萨斯州的戴尔儿童医疗中心（Dell Childrenp's Medical Center）通过在建筑中引入大量的自然光、绿色植物和室外庭院，创造了一个有利于康复的环境。[④]这种设计策略属于"生物亲和设计"（Biophilic Design），旨在通过将自然元素融入建筑设计来提升使用者的福祉。[⑤]相关研究表明，具有自然景观视野的病房设计可以缩短患者的住院时间并减少镇痛药物的使用。[⑥]

四、技术与空间的整合

随着医疗技术的不断进步，医疗空间设计需要考虑如何有效地将新技

---

① 亨德里克，A.，周，M.P.，斯凯尔琴斯基，B.A.，等．一项36家医院的时间和动作研究：医疗外科护士如何分配他们的时间？[J].永久杂志，2008，12（3）：25–34.

② 马尔金，J.基于证据的设计视觉参考 [R].康科德：健康设计中心，2008.

③ 约瑟夫，A.，马龙，E.医院设计对临床工作流程的影响 [R].康科德：健康设计中心，2012.

④ 萨德勒，B.L.，贝瑞，L.L.，贡瑟，R.，等．寓言医院2.0：建设更好医疗设施的商业案例 [J].黑斯廷斯中心报告，2011，41（1）：13–23.

⑤ 凯勒特，S.R.，卡拉布里斯，E.F.生物爱好设计实践 [R].纽约：翠绿露台，2015.

⑥ 乌尔里奇，R.S.通过窗户的景色可能影响手术后的恢复 [J].科学，1984，224（4647）：420–421.

术融入现有的空间布局中，以支持先进的医疗服务。例如，荷兰的马克西玛（Máxima）医疗中心在其新建的肿瘤治疗中心中整合了最新的放射治疗设备，并通过精心设计的设备间隔和动线布局，确保了技术的高效使用和患者的舒适体验。[①]在这一过程中，设计团队采用了"用户体验设计"（User Experience Design, UXD）的方法，通过提供医护人员和患者的持续沟通，确保设计能够满足所有用户的需求。[②]

五、可持续性与环保设计

可持续性和环保设计在现代医疗空间设计中越来越受到重视。医院作为高能耗建筑类型，其设计需要在提高能源效率、减少碳排放和提高资源利用率方面作出贡献。例如，英国的麦吉中心（Maggie's Centre）通过采用绿色建筑技术，如太阳能发电、雨水收集和自然通风系统，大幅减少了能源消耗并提高了建筑的环境可持续性。[③]这种设计策略体现了"全生命周期设计"（Life-Cycle Design）的理念，即从建筑的规划、设计、施工到运营的每个阶段都考虑其对环境的影响。[④]

医疗空间设计是一个复杂且多维的过程，涉及患者体验、医护人员效率、技术整合和可持续性等多个方面。通过应用证据导向设计、生物亲和设计、用户体验设计以及全生命周期设计等方法，现代医疗空间能够更好地满足患者和医护人员的需求，提升医疗服务质量。在未来，随着技术的不断进步和医疗模式的演变，医疗空间设计将继续创新，为医疗行业提供更加有效和人性化的空间解决方案。

---

① 劳森，B.，菲里，M.建筑医疗环境及其对患者健康结果的影响：NHS地产资助的研究报告［R］.伦敦：政府办公厅，2003.

② 诺曼，D.A.日常事物的设计：修订与扩展版［M］.纽约：基础书籍公司，2013.

③ 麦卡洛，C.S.基于证据的医疗设施设计［M］.印第安纳波利斯：西格玛西塔陶出版社，2010.

④ 基伯特，C.J.可持续建筑：绿色建筑设计与交付［M］.霍博肯：约翰·威利出版社，2016.

第二节　医疗空间设计案例

一、MISO美医美塑

该项目是我们的设计团队第一次开始涉足以医疗空间为主体的领域。在这个设计项目中，为了传达出空间的特质，在精心布局空间和合理安排动线的基础上，我们引入了很多柔性的非装饰性材料进行新的尝试。

我们与甲方就设计思路进行了有效的前期沟通，并很快对于设计方向和思路达成了共识。甲方希望整体的空间设计体现出差异化，区别于周围门市和其他同类产品，可以在市场上提供良好的品牌形象。并且项目自身的周围环境比较繁杂，周边的店铺视觉干扰较多。在此基础上，我们决定首先从外立面的整体视觉上进行突破。因为周围都是五颜六色的店铺门头，所以我们做了一个区别性的设计，在颜色上以白色调为主，让人尽量感觉舒适和干净。另外，建筑自身结构的立面上有很多窗户，这为空间的整体采光提供了较好的条件，但是从外部的视觉上来看就显得有些烦琐而不够美观。为了弱化窗户在外立面上的形态并同时保证采光的需求，我们选择了透明钢网的材料，这种透明钢网可以很好地解决采光问题，并能达成一个完整的外立面形态。

我们受到了英国艺术家肯德拉·哈斯特（Kendra Haste）的影响。她在作品中用镀锌钢丝创作出各种逼真的动物雕塑，细致刻画动物的脸部、肌肉和皮肤质感。无论是狮子的蓬松鬃毛，还是大象的粗糙皮肤，她都能完美呈现，栩栩如生。她的雕塑作品以及材料后来也影响了我们之后的设计案例，包括乐屋末日版餐厅里穿入墙体的半个鲸鱼、象样餐厅里的穿出建筑的解构大象、威海乞老板餐饮中消失在地面的鲸鱼尾巴等。

另一位给了我们灵感的艺术家是意大利雕塑师爱德华·多罗迪（Edoardo Tresoldi）的作品。他的作品能将工业材料展现出一种朦胧的诗意。他用这种材料编织出自己内心深处的故事。他在美国加利福尼亚州举行的科切拉音乐节（Coachella）上展出的"Etherea"艺术装置，采用新古典主义和巴洛克风格，并通过钢网营造了一个半透明的空间。这种方法既可以让整个加州的景观渗透到装置中，也能让装置内的人感受到外面景观的变化。尤其到了夜晚，该装置在灯光的辅助下变得更加梦幻与浪漫。

钢网材料对这个项目来说再合适不过了，虚实结合、白色、坚硬，也柔软、耐久、易加工。但是，在设计的实际落地过程中却也耗费了我们大量的精力。要确保加工的环节能够很好地表达出我们所需要的效果和造型是需要反复地实验和调整的。我们希望用镂空的白色钢网创作出梦幻的半透明效果，宛如不可思议的"海市蜃楼"，呈现出虚幻与现实的融合。悬空的古罗马式穹顶、柱子和拱门使得整个建筑立面如同一个飘浮的幽灵古堡。数百米的金属网编织而成的新的建筑表皮，将古典美与现代建筑无缝衔接。在不同光线作用下，整个建筑会呈现出不一样的视觉效果，光影从金属丝网中穿过，给来往的客人一种欣赏全息投影的错觉，同时也希望给观众一种医美后的美好憧憬（见图4-1、图4-2、图4-3）。

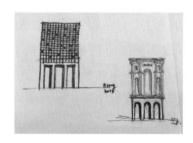
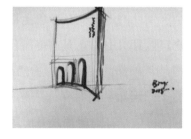
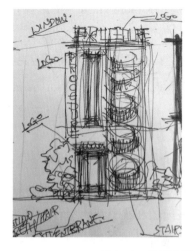

图4-1 美医美塑外立面设计手绘草图

图4-2 美医美塑空间设计效果图

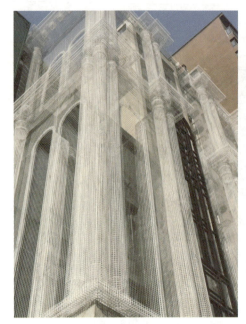

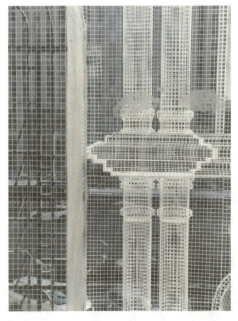

图4-3　美医美塑空间设计实景图

图4-3（续）　美医美塑空间设计实景图

二、兰茉医美

设计完成MISO后，我们对医美的业态有了更深的了解，在设计兰茉医美这个空间时，思路也更加清晰，所以整体设计进展非常顺利。这个项目的整体空间着重于布局的合理以及舒适氛围的营造。我们希望通过合理的设计让空间中的整体氛围更加柔和，让用户来到这里可以感受到安静祥和的气息。通过有效的空间设计拉近用户的距离感，让人们通过空间中舒适的色调、柔性的装饰、合理的布局而感觉到亲切、和谐，可以共处。让客人与工作人员之间没有对抗而是成为朋友。这种人与人之间的正向关系往往可以通过有效的空间设计而进行催化。这一切的主张使我们对材料产生了期待，希望通过材料的特性和有效的组合使用，让空间变得没有那么强硬或是强大，就连坚硬的大理石也变得柔软（见图4-4、图4-5）。

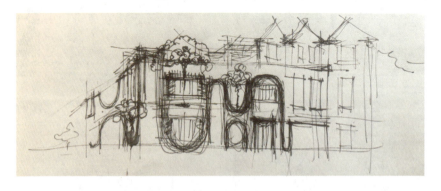

图4-4　兰茉医美外立面设计手绘草图

图4-5　兰茉医美外立面设计效果图

图4-5（续） 兰茉医美外立面设计效果图

三、庆连口腔诊所

设计过程中应用头脑风暴的方式来寻找灵感是十分有效的方法。在做这个项目的时候，我们便做了一个头脑风暴式的设计思路，包含关键词和设计进程：平面—功能图—上机操作—部分设计结束。下一步：建筑—室内—汇报。把楼梯做成雕塑，提供社交话题性。室外空间的花园，提供咖啡和聊天空间；儿童娱乐空间（带孩子来的家长们可以轻松一些）；母婴室（考虑做母亲的感受）；适合老人的舒适休息空间等。

我们要解决空间有限但功能无限的问题，所以我们选择了"浪费"空间的曲线。通过曲线的设置来拓宽医护人员的视觉有效空间，尽可能考虑到医生与患者间的互动沟通需求。外立面我们从艺术家丰塔纳的作品中找到灵感。他的作品《划痕》带给我们灵感，并且这种艺术创作的方式利用在空间中之后，还可以在功能上解决结构与采光的问题。这种独特的视觉"错视"会给人一种全新的代入感，让人产生好奇并注入记忆（见图4-6、图4-7、图4-8）。

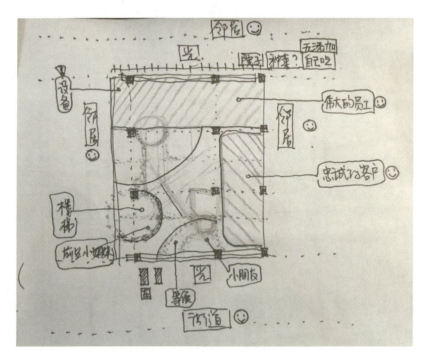

图4-6　庆连口腔诊所手绘平面草图

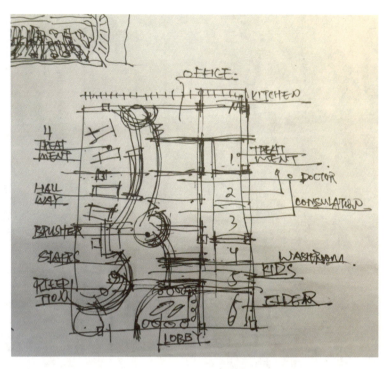

图4-6（续）　庆连口腔诊所手绘平面草图

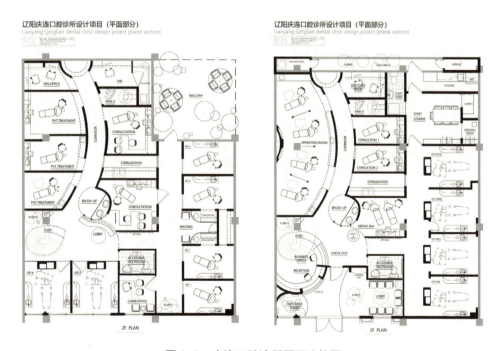

图4-7　庆连口腔诊所平面功能图

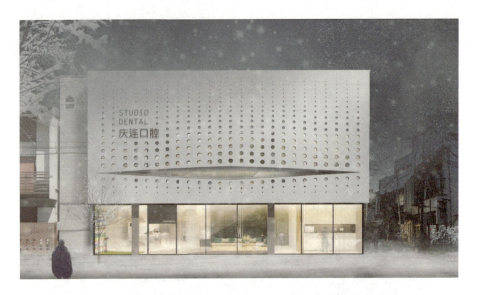

图4-8 庆连口腔诊所设计效果图

图4-8（续）　庆连口腔诊所设计效果图

图4-8（续） 庆连口腔诊所设计效果图

四、庆连口腔医院

区别于上一个项目，该项目是要设计一个较大空间的口腔医院，所以我们从动线、功能、视觉、氛围、用户体验等方面综合考虑进行了整体空间的设计，为了能有更好的视觉识别性，我们着重考虑了外立面的形态，并提供了以下三个方案。

第一个方案，我们首先设计了使用曲线叠加的方式形成的律动弧线来作为外立面的主体视觉形象，在旧有建筑体上做简易的加法，从而实现较有视觉识别性的整体形象（见图4-9）。

第二个方案，我们的灵感来自"跳舞的牙齿"，为了体现健康和欢乐的医疗体验，我们在外立面上加入了一个可以有升降功能的具象的牙齿雕塑，主要目的也是通过这种较为轻松欢快的形象来弱化大家对于口腔医院较为恐惧的心理体验（见图4-10）。

第三个方案，我们在第二个方案的基础上进行了延展，将牙齿的形态进行了进一步的解构和图案性的立体表达，强化视觉形象的同时体现娱乐性和功能性。以轻松的设计语言来拉近空间与用户之间的距离（见图4-11）。

在室内空间的设计中，我们受到了设计师巴拉甘设计的埃格斯特龙住宅的色彩影响，将入口处的空间进行了丰富的色彩表达，来提供空间中的氛围和欢快的情绪体验。让用户对于空间的第一印象是温暖而有活力的。在医院内部楼层和公共区域的色彩使用上，我们同时致敬了艺术家克莱因的作品，使用了他具有标志性的蓝色作为纯白空间中的色彩表达（见图4-12）。

图4-9　庆连口腔医院外立面方案一

图4-10 庆连口腔医院外立面方案二

图4-11 庆连口腔医院外立面方案三

图4-12 庆连口腔医院室内空间设计效果图

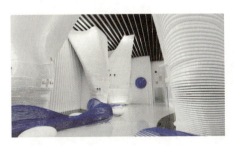 

图4-12（续） 庆连口腔医院室内空间设计效果图

图4-12（续） 庆连口腔医院室内空间设计效果图

第五章 餐饮空间设计

第一节 餐饮空间设计概述

餐饮空间设计是一个涉及功能性、审美性和体验性的多维度领域。它不仅影响顾客的用餐体验，还关系到餐厅的品牌形象、运营效率和商业成功。随着消费者需求的多样化和餐饮市场的激烈竞争，设计师在餐饮空间的规划中需要考虑更多的元素，包括空间布局、色彩选择、灯光设计、材料运用和品牌传达等。

一、空间布局与功能性

餐饮空间设计的首要任务是合理规划空间布局，以确保功能性的实现。餐厅的空间布局不仅要满足顾客的需求，如就餐舒适度、动线流畅性，还要考虑员工的工作流程和效率。研究表明，功能性布局能够显著提高餐厅的运营效率，进而提升顾客满意度和餐厅的盈利能力。

弗朗西斯·程（Francis D. K. Ching）在其著作《建筑：形式、空间与秩序》（*Architecture: Form, Space, and Order*）中指出，空间布局的合理性对用户体验有着直接影响。在餐饮空间中，这种合理性通常表现为厨房、就餐区、卫生间等功能区的有效分隔与联系，通过清晰的动线规划和合理的空间组织，既保证了顾客的用餐体验，又提高了服务效率。[①] 例如，开放式厨房设计不仅提升了顾客的参与感和视觉享受，还缩短了食物的传递时间，从而提高了服务效率。

---

① 程，F. D. K. 建筑：形式、空间与秩序 [M].霍博肯：约翰·威利出版社，2007.

二、色彩与情感设计

色彩在餐饮空间设计中十分重要，它可以影响到顾客的情感体验和行为方式。色彩心理学研究表明，不同的色彩能够激发不同的情感反应，从而影响顾客的食欲和用餐体验。[①]暖色调如红色、橙色和黄色通常用于快餐店，这些颜色能够刺激食欲并加快就餐节奏，有助于提高翻台率。而冷色调如蓝色、绿色和紫色则常用于高档餐厅或咖啡馆，这些颜色有助于营造放松、优雅的氛围，使顾客在用餐时感到舒适和惬意。

凯伦·派恩（Karen J. Pine）在《设计中的色彩心理学》（*The Psychology of Color in Design*）中指出，色彩不仅是空间美学的重要元素，还可以通过调节室内气氛，影响顾客的行为和情感。在餐饮空间设计中，设计师常常结合餐厅的品牌定位和目标客户群体，选择适合的色彩方案，以达到增强品牌形象和提升顾客体验的目的。[②]例如，星巴克通过使用深绿色和棕色系的色调，营造出一种温暖、自然的氛围，与其品牌的咖啡文化完美契合。

三、灯光与氛围营造

灯光设计在餐饮空间中具有双重功能：一方面，它需要确保空间的基本照明需求；另一方面，它还需要通过光影效果塑造空间氛围，增强用餐体验。研究表明，柔和而温暖的照明有助于创造亲密、舒适的用餐环境，而明亮均匀的照明则更适合快节奏的用餐场所，如快餐店和自助餐厅。

霍华德·布兰斯顿（Howard Brandston）在《照明设计：艺术与科学》（*Lighting Design: The Art and Science*）中强调，灯光设计不仅影响视觉感受，还直接关系到顾客的情感体验和行为模式。[③]在餐饮空间中，设计师可以通过不同的灯光层次和照明方式，突出餐桌区域、装饰品或特定的建筑结构，从而增强空间的层次感和视觉焦点。例如，高档餐厅通常使用聚焦的桌面照明

---

① 比伦，F. 色彩与人类反应：光与色彩对生命体反应及人类福利的影响 [M].纽约：约翰·威利出版社，1978.

② 派恩，K. J. 设计中的色彩心理学 [M].伦敦：劳特里奇出版社，2011.

③ 布兰斯顿，H. M. 照明设计：艺术与科学 [M].纽约：斯普林格出版社，2013.

和柔和的环境光结合，营造出一种私密而温馨的氛围，鼓励顾客在用餐过程中放松和享受。

四、材质与质感设计

材质的选择和质感的设计在餐饮空间中起着不可忽视的作用。不同的材料不仅可以在视觉上产生不同的效果，还通过触觉和听觉影响顾客的整体体验。研究表明，天然材料如木材、石材和砖石能够营造出自然、温馨的氛围，而金属、玻璃和大理石等材料则传达出现代感和奢华感。

英格丽德·费特尔·李（Ingrid Fetell Lee）在《快乐：日常事物带来非凡幸福的惊人力量》（*Joyful: The Surprising Power of Ordinary Things to Create Extraordinary Happiness*）中探讨了材质和质感对空间体验的影响。她指出，材质的选择应与餐厅的整体设计风格和品牌定位相协调，通过触觉体验的设计，可以进一步提升顾客的感官享受。①例如，一些餐厅会使用皮革座椅、大理石桌面和天鹅绒布料，通过这些材料的质感，来传达出餐厅所定位的高品质和精致感。

五、品牌传达与空间一致性

在餐饮空间设计中，设计师会关注到品牌传达与空间的一致性。餐厅的设计不仅是物理空间的规划，更是品牌形象的延伸。成功的餐饮空间设计能够通过色彩、材质、灯光和布局等元素，将品牌的核心价值和文化内涵传递给顾客，使其在进入餐厅的第一时间便能感受到品牌的独特性和一致性。

大卫·阿克（David A. Aaker）在《品牌领导力》（*Brand Leadership*）中指出，品牌体验的统一性和一致性对于建立顾客忠诚度和品牌认知度有很大帮助。餐饮空间设计应与品牌的视觉识别系统相协调，通过一致的设计语言，强化品牌在顾客心中的印象。②例如，麦当劳的全球门店设计统一

---

① 李，I. F. 快乐：日常事物带来非凡幸福的惊人力量［M］. 纽约：小布朗火花出版社，2018.
② 阿克 D. A. 品牌领导力［M］. 纽约：自由出版社，2000.

使用了标志性的红黄配色和弧形拱门，成功地将其品牌形象植入顾客的心中。

　　餐饮空间设计是一个复杂且多层次的过程，涉及空间布局、色彩选择、灯光设计、材质运用和品牌传达等多个方面。通过合理的空间规划和设计，餐饮空间不仅可以提升顾客的用餐体验，还可以增强品牌形象和运营效率。在未来，随着消费者需求的不断变化和设计技术的进步，餐饮空间设计将继续创新和发展，为餐饮行业带来更多可能性。

第二节　餐饮空间设计案例

一、香草山餐厅

　　这是我们工作室一个比较早期的餐饮设计项目，当时我们使用了植草砖作为墙面的装饰设计材料来提升空间外立面的视觉效果，并呼应设计空间的主题"香草山"。我们试图把绿植、艺术品以及看似不是常规设计材料的实物与美食相融合，创造出一个充满幻想意味的空间（见图5-1）。

图5-1　香草山餐厅空间设计效果图

图5-1（续）　香草山餐厅空间设计效果图

图5-1（续） 香草山餐厅空间设计效果图

二、新香草山餐厅

香草山餐厅设计成功以后，客户又找到我们准备开始第二家店的筹划与设计，这个店是原来店面面积的三倍，我们打算尝试将更年轻化、更有趣的设计形式融入空间中。我们把环境的与众不同看得十分重要，这可以为空间提供更多的附加价值。在结合空间的整体布局和结构的基础上，我们尝试在餐厅空间中营造出岩洞的整体造型。岩洞这一自然语言的设计使用来自一次陪美院的外教出行去本溪水洞，记忆犹新，连绵起伏的山洞里，我们坐着冲锋舟很刺激，偶尔有水滴掉到脸上，整体空间空旷奇异，让人感叹大自然的神奇。我们决定把这次经历当作设计的基本元素，基于对自然的热爱与敬畏，我们设计了一个白色的岩洞空间。并在空间顶部做镂空处理，仿佛有淡淡的自然光线洒落在整体空间中，这也是我们想要追求的自然空间和人造空间相得益彰的设计效果（见图5-2）。

图5-2　新香草山餐厅空间设计效果图

图5-2（续） 新香草山餐厅空间设计效果图

图5-2（续）　新香草山餐厅空间设计效果图

三、乐屋餐厅末日版

　　每个设计师都有自己的工作习惯和灵感来源。笔者在日常工作中喜欢通过草图的方式随时记录下自己的设计想法和灵感思路。在进行乐屋餐厅末日版的空间设计时，这个工作习惯起到了十分正向的作用，帮助笔者在繁杂的思路中理清线索和思考脉络。这个作品最初的灵感来源于和女儿参观一所美术馆时所画的一些速写草图。这个美术馆里有一个小空间，可以让小朋友动手画画。在陪她一起画画的过程中我也在纸上随手画了画，画了建筑、空间、城市。也画了人，画了她画画时的背影（见图5-3）。这让我认识到空间最优的功能是可以提供给使用者安全、舒适、幸福和独特的体验。

图5-3　灵感速写

　　当时项目的甲方乐屋团队正在寻找餐饮场地和设计师 。在与我们沟通后，我们很快对于空间的功能划分和设计风格达成了共识。当时甲方和我们一起跑到了城市郊区一个很大的材料回收厂，看到了好多老木梁、回收的旧砖瓦、马赛克、彩色玻璃等等。我们打算利用这些作为装饰材料。项目场地原来是一个老厂房，里面还存留了很多有年代感的老机器设备，我们全都保留了下来打算运用到空间中。我想起王澍老师设计的南宋御街遗址馆的改造方式——把地面以下的内容保护起来。这些老砂轮厂的电箱设备记录了东北那个时代发生过的故事，从勃勃生机、车水马龙、人头攒动到后来的静静落幕，这见证了一个地域的工业发展史，时代的更新迭代带来的一种势不可当的趋势和结果，如王兵老师的纪录片《铁西区》一般的场景。出于这种想法我们打算把机器保留，而且就原地不动，下挖两米，把机器放进去铺上玻璃栈道变成一个可视的博物馆遗址（见图5-4）。

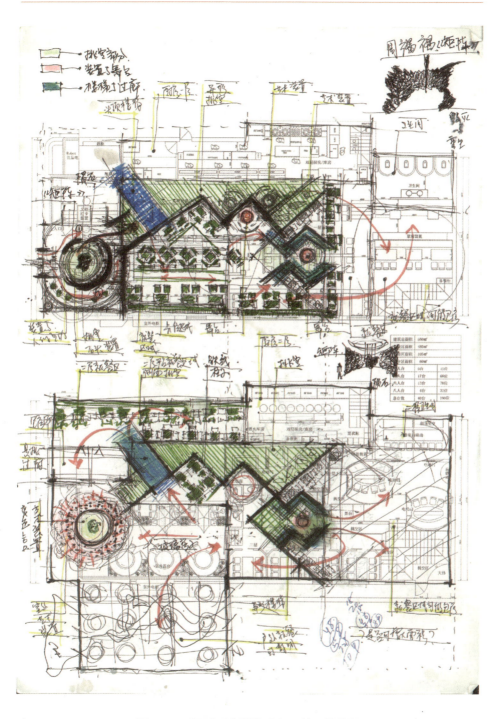

图5-4 乐屋末日版餐饮空间设计手绘草图

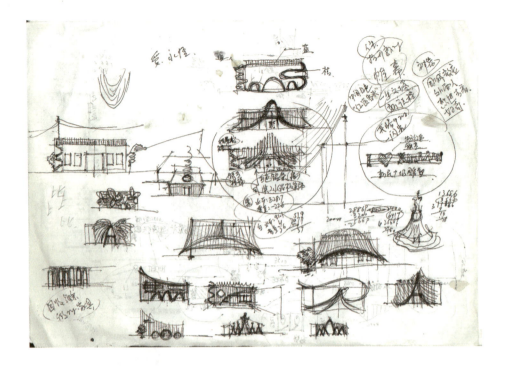

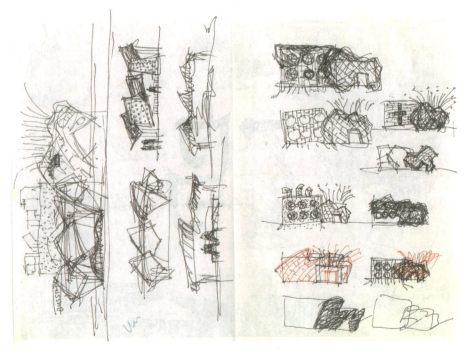

图5-4（续） 乐屋末日版餐饮空间设计手绘草图

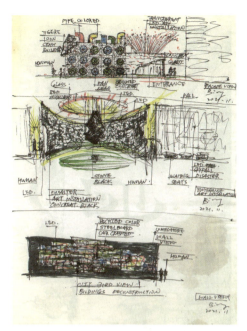

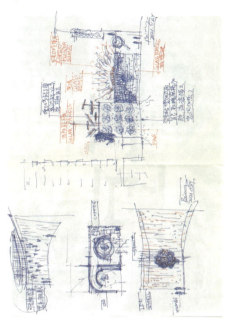

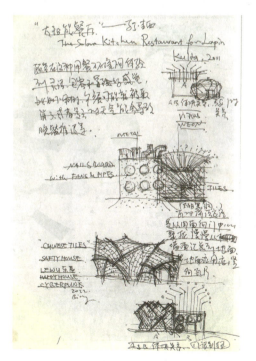

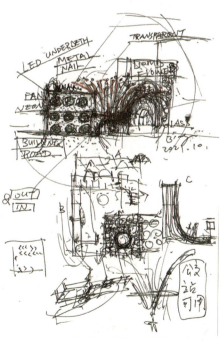

图5-4（续）　乐屋末日版餐饮空间设计手绘草图

图5-4（续） 乐屋末日版餐饮空间设计手绘草图

　　想法被认可但是进场勘测后发现，下挖0.9米后就有地梁，没法再下挖太多，存在很高的风险——楼会塌掉或是土建改造成本过高相当于盖房子，而且这种老楼与旁边楼会存在沉降，所以方案没有实施。但是，机器是一定要保留下来的，所以放在了入口处作为一个装饰墙处理。为了提升经营面积，我们最终下挖了1.2米，已经挖过了地梁，这样可以给二楼省出空间。一进入口处设置了一个天井，我们在屋顶做了一个穹顶，在穹顶外有亚克力制作的种子，一种绽放的感觉，里面用绿植环绕，让末日来临时你也可以看到阳光心存希望。

红砖墙仍然是凿毛处理，一只鲸鱼雕塑从这个空间穿透了墙壁。整个项目里的元素都与项目主题"末日"相关，但每一处末日景观旁又都设置着代表希望的视觉元素。餐厅开业后成为年轻人喜欢打卡拍照的地方，很多人来不只为了吃饭，空间变成了一个取景地，很多行业内的人也来看，来拍素材，话题很多。但就如我们的立面效果所呈现的，这个避难所的外表被一层层老瓦片覆盖，仿若盔甲，万剑穿不透，这跟我们的理念一致，希望可以在繁杂中保持自我。大家都说，这就是"草船借箭"，因为毕竟我们从小就学过这么一个三国故事，怎么好传播咱们怎么叫它（见图5-5、图5-6）。

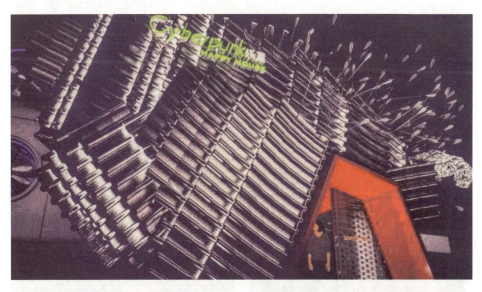

图5-5 乐屋末日版餐饮空间设计效果图

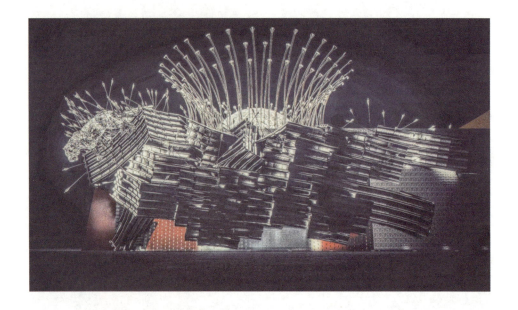

图5-5(续) 乐屋末日版餐饮空间设计效果图

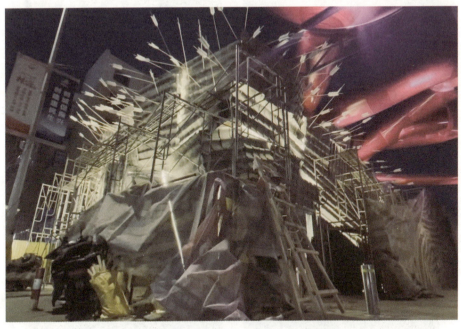

图5-6　乐屋末日版餐饮空间设计实景图

图5-6（续） 乐屋末日版餐饮空间设计实景图

图5-6（续）　乐屋末日版餐饮空间设计实景图

老实说，从设计的角度我们在追求空间的与众不同，但这并不是一个对现在的社会现实有建设性的答案，甚至进入了某种误区。现在的市场机会很多，其中也有很多错误，很多意外，很多让人可以不停抱怨的问题，但是我觉得，市场真正的机会是，你可以把自己当作这种市场化变革的一部分，和它一起发展，这也是最有意思也最有挑战的地方。这里我们有必要提一下工业废墟，以及这些废墟在新一代空间中的应用。人们用现代的目光，发现了破旧建筑物和废弃机器中的纪念性意义，觉察到工厂设备的审美可能性，被其时间赋予的气息吸引。钢铁起重机、高炉塔、油箱、筒仓、电梯、过道和那些数不尽的陈旧建筑物，在这些空间中恢复生机，成为具有未来派特征和历史共鸣的装饰性空间。

四、乐屋餐厅土豪版

设计完沈阳的乐屋末日版餐厅，甲方团队打算去杭州这个准一线城市继续拓展，于是我为乐屋设计了他们的第二个项目——乐屋餐厅土豪版。经历了几个月，最终杭州的首店开在了西湖边的一个文化园区里，这个地点距离西湖只有300米远，距离N77商业街200米，属于城市的黄金地段。每日的客流量非常大，从中午开始，全国各地的人涌入这里，到了晚上更是人声鼎沸，开业后餐厅经常等位排到300多号。网上对于设计的评价也是络绎不绝，褒贬不一，但都逃不开一个好玩和猎奇。

在设计这种"主题乐园"式的商业空间之初，我们曾思考过迪士尼乐园的主题空间模式。他们创造了一个主题，提供了一个发挥主题性内容的场所，给大家展开想象和幻想的空间和可能。这类空间对观众或顾客的吸引，其部分原因是大家可以在其中娱乐或就餐时意外感受到附加的场景价值。在乐屋，你推开一扇一比一还原的保险库大门后，仿佛进入了一个堆满了金砖和钞票的虚拟世界，这里给了你一个不真实的空间感受，顾客知道眼前的一切都是不真实的，但是这种不真实可以带来一种新奇的体验，这是空间在功能性以外所能提供给用户的情绪价值。在空间设计中一些符号化的元素的融合可以为空间提供更具主题性的消费体验，这也是在空间设计中值得分享的一个经验（见图5-7）。

图5-7　乐屋餐厅土豪版空间设计效果图

图5-7（续） 乐屋餐厅土豪版空间设计效果图

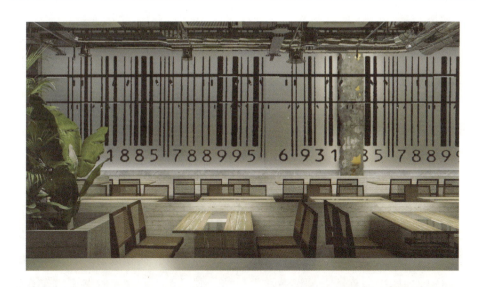

图5-7（续）　乐屋餐厅土豪版空间设计效果图

五、象样餐厅

这个餐厅项目的位置十分好：东临万象城、悦府、君悦酒店、工业展览馆；西对盛京医院、医科大学、万科中心；南有音乐学院、东北大学；北临鲁迅美术学院。并且从项目的基础条件来看，它就是设计师人见人爱的红砖厂房，并有着12—13米的举架挑空，十分具有设计可发挥的空间。

我们用了20天左右的时间完成了设计方案，我们在空间中首先设计了一个景观电梯，首要的目的是解决整体空间的举架太高、空间层次错落感不足的问题，而景观电梯正好可以起到视觉中心的作用，从而调节空间中的层次。另外，从结构的角度，老建筑的房顶基本不能做任何超重的负荷，电梯基础从地而起，正好解决这个问题。重要的是，这个电梯虽然是可以上下人的，但最关键的因素是它具备展示功能。另外一个亮点在于我们在空间中设计了一个大象的造型雕塑直接穿透了墙体，我们认为在这个空间里需要有一个主题性的形象展示，从而提高品牌的识别性和认知度。象样与象相关，同时象又是人们很喜欢的有吉祥寓意的动物，于是我们用解构的手法处理了这个象的雕塑造型，人可以在象腿下来回走动打卡拍照。空间使人有一种在森林岩洞中吃饭的感受，你能看到瀑布、大自然、观景台，我们把这些元素综合到这个空间内，希望提供给使用者不一样的空间感受（见图5-8）。

图5-8　象样餐厅空间设计效果图

图5-8（续） 象样餐厅空间设计效果图

图5-8（续） 象样餐厅空间设计效果图

图5-8（续）　象样餐厅空间设计效果图

图5-8（续） 象样餐厅空间设计效果图

六、赤峰酷烤餐厅

这个项目的甲方经营餐厅已经有十多年的历史，他们想要重做一个新的店面，所以找到了我们。项目的所在地是一个近3000平方米的三层楼，周围有3000平方米的院子。整体建筑形态类似仿欧式的楼体形态：红色的八边尖顶、浅黄色涂料、拱形柱廊、方形窗、黑色铁艺围栏等。根据房东要求，建筑表皮除了有损坏的可以调换修补，其余部分尽量不要动。所以，我们最终选择要强化入口区域以及外立面灯光亮化、增加壁灯和遮阳篷装饰这几方面来考虑外立面的改造设计。品牌初期策划包括品牌方向、标识、广告语、色彩、字体等都要考虑到整体设计范畴之内，不仅仅是空间。项目的南侧（面对着景观花园方向）和西侧都如同刚才说北侧一样需要做视觉识别和广告展示。恰巧南侧从平面功能角度需要一部消防楼梯直接通到景观花园。既然北侧用了英文字样图形做了视觉识别，在南侧重复这个语言就有些乏味，于是我们选择沿用了在其他项目中使用过两次的设计元素——巨型排风扇，这样可以让南侧和西侧来往车辆和路人清晰地看到一个巨型带风扇的楼梯，一个会动的艺术装置。

三个立面都分别有不同密度的遮阳篷，目的是解决整体建筑太平面化的问题，要在立面上做一些起伏，还不能改造建筑主体，也要注意造价。我们使用了两种造型，拱形和方形的遮阳篷，以此来呼应窗户本身的造型，形成视觉上的统一感。

　　原始的主入口是一个三角的雨搭，残破不堪，玻璃都已经碎了，明显防水也不好用了，但是甲方要求这个造型不要动，在原有基础上做加法，但我们不想又做个玻璃花房，所以，尽可能地在不碰它原来结构的基础上进行加盖。这个前提和造型材料让我们想起了卢浮宫的改造，贝聿铭大师通过玻璃金字塔这个概念巧妙地翻新了陈旧且富丽堂皇的老卢浮宫建筑，非常现代的玻璃金字塔造型同时具有空间功能，它成为地下美术馆中庭的采光顶，是非常棒的设计和创意。面对这个项目，我们是否也有机会在原始三角形的基础上不做垂直加盖（房子），而是沿着它的斜屋顶延长线继续加长，这样就形成了一个三角形，一个玻璃金字塔就诞生了（见图5-9）。

图5-9　赤峰酷烤餐厅空间设计效果图

图5-9（续） 赤峰酷烤餐厅空间设计效果图

图5-9（续） 赤峰酷烤餐厅空间设计效果图

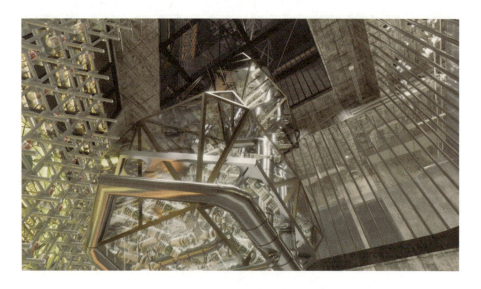

图5-9(续) 赤峰酷烤餐厅空间设计效果图

图5-9（续）　赤峰酷烤餐厅空间设计效果图

图5-9（续） 赤峰酷烤餐厅空间设计效果图

第六章 酒店空间设计

酒店空间设计不仅需要考虑建筑美学和室内装饰，还需统筹功能布局、用户体验和品牌形象。一个成功的酒店空间设计应当在提供舒适、便捷的住宿环境的同时，展现出酒店独特的品牌特色和文化内涵。以下是关于酒店空间设计的详细概述。

一、酒店空间设计的基本原则

（一）功能性与实用性

酒店设计的首要目标是满足住客的基本需求，包括睡眠、休息、洗浴和工作等。因此，设计需要以功能性为导向，确保空间布局合理，设施配置齐全。例如，客房应配备舒适的床、合适的照明、充足的储物空间，以及方便的电源插座等。根据克劳斯·奈加德（Klaus Nygaard）在《空间规划与设计》（*Space Planning and Design*）中的观点，酒店空间设计的关键在于功能区的合理分配以及动线的设计。[1]例如，在五星级酒店的设计中，大堂通常是最先接触住客的区域，因此需要通过巧妙的空间布局和视觉焦点的设计，来引导客人的动线并提升他们的第一印象。与此同时，餐饮区和会议区的布置也需要考虑客人流动的便捷性和功能的独立性，避免不同功能区之间的相互干扰。

---

[1] 奈加德，K.空间规划与设计［M］.阿宾登：劳特利奇出版社，2015.

（二）美学与视觉效果

视觉效果在酒店设计中扮演重要角色，它直接影响住客的第一印象和整体体验。设计师可以通过色彩、材质、照明和装饰等元素，营造出与酒店品牌和定位相符的美学风格。

（三）舒适与人性化

酒店设计应注重人性化，创造出舒适、便捷的居住环境。无论是床铺的柔软度、室内温度的调节，还是淋浴水压的控制，都需考虑住客的舒适度。此外，还应注重无障碍设计，为所有住客提供便利。

（四）文化与品牌融合

酒店设计应当体现品牌的独特性和文化内涵。通过在设计中融入本地文化元素或酒店品牌故事，能够增强住客的认同感和记忆点。例如，一家位于古城的酒店可以在设计中融入当地的历史和文化元素，创造独特的文化氛围。而一家婚庆酒店则要体现婚礼的仪式感和浪漫的美感等气氛元素。现代酒店设计越来越注重与当地文化和环境的融合，尤其是在高端酒店和度假村中，文化元素的融入不仅提升了酒店的独特性，也增强了住客与当地文化的情感连接。通过将当地的文化符号、传统工艺和自然景观融入酒店设计，设计师能够创造出具有鲜明地域特色的空间体验。

杰弗里·巴瓦（Geoffrey Bawa）在其著作《热带现代主义》（*Tropical Modernism*）中探讨了如何通过建筑设计将文化和自然环境融入酒店空间。[①] 例如，Bawa 设计的斯里兰卡坎达拉马遗产酒店（Heritance Kandalama）通过巧妙的设计手法，将酒店建筑与周围的自然环境融为一体，同时融入了当地的建筑元素和材料，使住客在享受现代设施的同时，能够深刻感受到当地的文化和自然魅力。这种设计策略在全球范围内的精品酒店和度假村中被广泛应用，为住客提供了独特而富有文化内涵的居住体验。

二、酒店空间的主要功能区域设计

（一）前厅与接待区

前厅是酒店的"门面"，它不仅承担接待和服务住客的功能，还需要给住

---

① 巴瓦，G. 热带现代主义［M］. 伦敦：泰晤士与哈德逊出版社，1986.

客留下深刻的第一印象。前厅与接待区的设计应注重开放、宽敞和明亮的空间布局，通过高质量的装饰材料和独特的艺术品，提升整体氛围。

（二）客房设计

客房是酒店的核心功能区，其设计往往注重私密性、舒适性和功能性。客房布局应合理，确保床、书桌、衣柜等家具的位置安排符合人体工程学。室内装饰应简洁、大方，并根据酒店的定位选择合适的风格和材质。

（三）餐饮区设计

酒店餐饮区包括餐厅、咖啡厅和酒吧等，设计应注重不同功能区的分隔和整体协调。餐厅设计需考虑座位布局、照明、声学和氛围等因素，以提升用餐体验。咖啡厅和酒吧则可以通过独特的设计元素，营造出轻松、休闲的氛围。

（四）会议与宴会区

会议和宴会区是酒店的重要功能区，设计需注重多功能性和灵活性。会议室应配备先进的视听设备和舒适的座椅，确保会议的顺利进行。宴会厅则需要通过豪华的装饰和灵活的布局，满足不同类型活动的需求。

（五）健身与休闲区

现代酒店通常配备健身房、泳池、SPA等休闲设施，以提升住客的整体体验。设计应注重功能性和私密性，通过合理的空间布局和舒适的环境，提供一个放松和休闲的场所。

（六）公共区域设计

公共区域包括走廊、楼梯、电梯厅等，这些区域的设计应确保安全、便捷，并与整体设计风格保持一致。合理的标识系统和照明设计，可以提升住客的便捷性和舒适度。

三、酒店空间设计的趋势与创新

（一）绿色与可持续设计

随着环保意识的提高，绿色设计和可持续发展成为酒店设计的重要趋势。通过采用环保材料、节能设备和绿色建筑技术，酒店可以在减少能源消耗的同时，提供健康、舒适的居住环境。在当代酒店设计中，可持续性和环保设计已成为不可忽视的要素。酒店作为高能耗建筑类型，其设计必须考虑如何有效利用资源、降低能源消耗，并最大限度地减少对环境的影响。可持续设计不仅体现在建筑材料和技术的选择上，还涉及水资源管理、能源效率和废物处理等多个方面。

根据肯·杨（Ken Yeang）在《生态设计手册》（*Ecodesign Handbook*）中的观点，可持续设计应当贯穿于建筑的整个生命周期，包括设计、建造、运营和维护。[①]在酒店设计中，越来越多的酒店开始采用绿色建筑认证标准，如LEED认证（Leadership in Energy and Environmental Design），以确保建筑的环保性能。例如，位于美国旧金山的果园花园酒店（Orchard Garden Hotel）就是一家获得LEED金级认证的环保酒店，其设计中广泛应用了节能照明系统、节水装置以及可再生建筑材料，从而实现了高效节能和环保的目标。

（二）智能化与技术应用

智能化技术在酒店设计中的应用日益广泛，从智能门锁、智能照明到智能家居系统，技术的应用不仅提升了住客的便利性，还可以提高酒店的管理效率。例如，住客可以通过手机控制房间的温度、照明和窗帘，享受更加个性化的居住体验。

（三）个性化与定制化

现代顾客更加注重个性化和独特的体验，酒店设计可以根据不同的市场定位和客户需求，提供定制化的服务和设计。例如，精品酒店可以通过独特的室内装饰和个性化的服务，创造出独特的居住体验。随着消费者需求的多样化，个性化和体验设计成为酒店空间设计的核心要素之一。现代酒店不仅仅是一个住宿的场所，更是为住客提供独特体验的空间。这种体验设计体现在室内装饰、设施配置、灯光效果以及个性化服务等多个方面，旨在创造出让住客难以忘怀的入住体验。

帕特丽夏·乌尔基奥拉（Patricia Urquiola）在其设计理念中强调，个性化的空间设计应该能够激发住客的情感共鸣，通过细致入微的设计元素，使每一位住客都能感受到酒店的独特魅力。[②]例如，乌尔基奥拉设计的曼谷曼达瑞酒店（Mandarin Oriental Bangkok）通过独特的装饰风格、定制家具和艺术

① 杨，K. 生态设计手册［M］. 霍博肯：约翰·威利出版社，2006.
② 乌尔基奥拉，P. 情感设计［M］. 纽约：法登出版社，2017.

装置，营造出一种既奢华又亲切的氛围，让住客在入住期间享受到全方位的
感官享受。

（四）社交与互动空间

社交互动空间是现代酒店设计的另一个重要趋势。通过设计舒适、开
放的公共区域，如共享办公空间、休闲区和社交区，酒店可以为住客提供
更多的社交和互动机会，提升住客的整体体验。克里斯托弗·亚历山大
（Christopher Alexander）等在《建筑模式语言：城镇·建筑·构造》（*A Pattern
Language: Towns Building Construction*）中提出，公共空间设计应当创造一个
充满活力且能够促进人际交流的环境。[①]在酒店设计中，这一理念得到了广泛应
用。例如，越来越多的现代酒店在大堂区域设计了开放式酒吧和共享工作区，
利用舒适的座椅、柔和的灯光和温馨的氛围，鼓励住客在此进行社交互动和商
务交流。这种设计不仅增强了空间的使用效率，还丰富了住客的入住体验。

四、主题性设计

（一）主题性设计的概念

主题性设计是指通过特定的主题或概念，来统一和指导酒店空间的整体
设计风格和氛围。它不仅通过视觉元素表现主题，还通过空间布局、材质选
择和细节处理，深度挖掘主题背后的文化和情感，使整个酒店成为一个连贯
的故事或体验。

（二）主题性设计的应用

主题性设计在现代酒店设计中被广泛应用，常见的主题包括历史文化、
地域特色、文学艺术、电影故事等。

历史文化主题：通过装饰和陈设反映特定历史时期的风貌，如古城风格
的酒店可以融入大量的历史文物和仿古装饰。

地域特色主题：以本地自然景观、传统手工艺或民俗文化为主题，设计
出独具地域特色的空间，如海滨度假酒店可以采用蓝白色调和海洋元素装饰。

---

① 亚历山大，C.，石川，S.，西尔弗斯坦，M.，等.建筑模式语言：城镇·建筑·构造［M］.
牛津：牛津大学出版社，1977.

文学艺术主题：以特定的文学作品、艺术流派或知名艺术家为主题，创造富有艺术氛围的空间，如以莎士比亚作品为主题的酒店，可以在各处展示戏剧元素和经典名句。

电影故事主题：通过再现电影中的经典场景和元素，打造出沉浸式的电影体验，如以科幻电影为主题的酒店，可以使用未来科技感十足的装饰和布局。

（三）主题性设计的优势

主题性设计不仅能增强酒店的独特性和吸引力，还可以提升住客的入住体验和品牌记忆点。通过一个连贯的设计主题，酒店可以讲述一个完整的故事，让住客在入住期间体验到与众不同的文化和情感共鸣。

第二节　酒店空间设计案例

酒店空间设计往往需要在功能性、美学、舒适性和品牌文化之间找到平衡。通过合理的空间布局、独特的设计元素和创新的技术应用，设计师可以创造出既符合住客需求，又具有独特品牌特色的酒店空间。未来，随着绿色设计、智能化技术、个性化需求和主题性设计的不断发展，酒店空间设计将迎来更多的机遇和挑战。下面笔者将结合自身设计经验和设计案例来探讨酒店空间设计的方法。

一、禧悦婚庆酒店盛京高尔夫店

在配合完成禧悦酒店的第一个旗舰店的设计工作之后，客户找到我们，想要把一个在高尔夫球场里的会所设计成一个新的婚礼酒店，主做草坪婚礼。不同于第一个禧悦酒店做的是大众商务型的婚庆酒店，这个在草坪上的酒店主要想通过营造室内和室外空间相结合的方式来提供更具有主题性和识别性的酒店空间。我们在设计之初打算在控制施工预算的前提下来改造这几个空间和建筑表皮，通过半通透的材料营造出的建筑表皮，在形成空间具有特征化的形态之后可以更好地投射和展示出自然环境中的颜色和气氛。设计的初衷也是想把空间表现的主角让给大自然（见图6-1）。

图6-1　禧悦婚庆酒店盛京高尔夫店空间设计效果图

二、禧莱婚庆酒店

禧莱婚庆酒店是在新民这个不大的城市里一个比较大体量的项目，整体空间2万平方米的产品。甲方对我们也是很信任，方案基本是一次通过的，项目的原有空间业态是一个家具城，已经闲置多年，现场条件很好，也是成就这个项目的基础。我们同样希望在控制施工预算的前提下通过设计语言来完成一个优质的项目。

在设计之初，我们给空间加入了很多情境设置，这些情境来自我们对于空间概念性的想象和设定，例如那个恋恋不舍的新娘，都是基于空间的一种幻想，我们在空间的基础上想象很多种故事，然后把人代入进来，我们希望空间里有叙事，希望人们走入空间可以体会到一种情感的代入。

为了提升空间中的识别性和氛围感，往往需要一个主体形象的设定，这个形象可能是一幅背景墙，可能是一个大型装置，也可能是一个空间雕塑。在这个空间中我们设计了一个用蝴蝶元素组织而成的婚纱雕塑，把蝴蝶变成了对美好爱情的寄托。围绕蝴蝶雕塑的就是一个景观坡道，它是一个楼梯同时起到景观的象征作用，新郎和新娘通过景观坡道，仿佛漫步在爱情的路上。而其他往来的嘉宾可以驻足停留、可以打卡拍照。蝴蝶婚纱上方是一个星盘，上面有十二星座的雕刻，从内部打光，仿佛宇宙间最美好的光线照耀到人间。地面走廊采用经典的香奈尔黑白错拼，墙面使用了大花白理石结合涂料，一个恋恋不舍的新娘牵着白马，也许她的父亲正在偷偷地低头流泪，她也是在无数次回眸，从此她要步入一个全新的角色。黑色的羽毛诠释着梦，美好或暗淡；地下的壁炉，似乎当你迈过去那一瞬间，你就成为别人，残酷也幸运。在空间设计中考虑到不同位置和方向的延续感很重要，这一方面是出于对视觉贯通感的需求，另一方面也是辅助空间进行叙事性的延续（见图6-2）。

图6-2　禧莱婚庆酒店空间设计效果图

图6-2（续） 禧莱婚庆酒店空间设计效果图

三、铭记婚宴酒店

　　跟我的老师合作设计完禧悦酒店后，我们在东北的婚庆酒店设计项目多了起来，那个阶段这种婚礼主题的酒店非常火，体现了市场的偏好。铭记婚宴酒店这个项目的设计同样体现了我们对情境化设计的追求。设计空间在解决基础的功能和使用的要求之上，尝试将叙事化的情境设计语言融入进去。这种情境化的叙事设计可以提高空间的情感体验，让用户在使用过程中有更强的共情心理和认同心理，同时可以增加用户黏性，并且让空间产生话题性，这可以帮助用户在同质化严重的市场中找到自己的品牌定位和视觉定位。

　　在外立面的设计上我们想要提供一种浪漫而神圣的婚礼气氛，同时从父亲的视角来设定空间主舞台的视觉叙事。仿佛父亲带着一种充满祝福的不舍，送女儿走入婚姻旅途，她牵着白马要去寻找她自己的未来。在空间中还设计用铁轨做出了出场梯台，而远处是双层景观舞台，新郎新娘可以分别从左右两侧走下楼梯，出现在观众面前。在建筑一层加盖了景观回廊，这样可以将空间中的柱子很好地消化掉，同时增加空间的仪式感（见图6-3）。

图6-3　铭记婚宴酒店空间设计效果图

图6-3（续） 铭记婚宴酒店空间设计效果图

四、赤峰谷朴艺术酒店

设计项目在服务于用户的同时也服务于客户。用户是指来往空间的消费者和使用者，而客户是作为项目的经营者对设计提出要求的甲方。在设计项目的过程中，我们会越来越清晰地认识到与甲方进行有效沟通的重要性。设计这个项目初始，我们就很快和客户确定下来这个酒店的设计方向：介于侘寂风格和艺术酒店之间。然后我们进行了风格和场景推理：空灵、生长、黑灰色、温暖、安逸、与世隔绝……这些关键词帮助我们来定位这个项目的设计走向和人群画像。首先我们明确了，室内空间不要有电视，取而代之的是一个壁炉，里面做了电加热。我们通过人群画像来定位未来选择这里的客人，他们应该不会在意有没有电视，反而没有电视这种纯粹的做法可以把人带入我们提供的空间意境。一个没有干扰、没有声音、可以让人安静下来的空间。你只需要静静地躺下或坐在我们设置的单椅沙发上喝一杯茶。这是我们想提供给客人的一种状态。

定位了壁炉以后，在工艺细节和制作手法上又不断进行了改进。墙面使用了大量的艺术漆，但这个艺术漆并不是成品调制好的，工人按照我们的效果打了无数次版，我们优化再优化，最终出来的效果形成了独一无二的定制款墙面艺术漆，细看每个屋子都是独一无二的，因为完全是工人师傅一手一手涂上去的，有很丰富的层次。在卧室空间里我们还采用了碎木头块做的墙面装饰和衣帽柜，门把手则使用了麻绳制作，床品也全部采用棉麻质地，对于材料细节的追求可以很好地完善空间的整体设计效果。局部采用了黑色的炭化木配合植物装饰，底部用荒石垫起。米白色的沙发椅放在一侧，一个圆茶几在前，营造出一种幽静和放松的空间。心是安静的，茶微热，景色正好（见图6-4、图6-5）。

图6-4　赤峰谷朴艺术酒店空间设计效果图

图6-5　赤峰谷朴艺术酒店空间设计实景图

图6-5（续） 赤峰谷朴艺术酒店空间设计实景图

图6-5（续） 赤峰谷朴艺术酒店空间设计实景图

五、希尔顿沈阳故宫民宿

沈阳故宫也被誉为"北方的故宫"。它保存了丰富的文物和艺术品，展示了清代的宏伟建筑和皇家生活的点滴。在清朝初期沈阳成为满洲人的政治中心和皇家根据地。在现代，作为中国东北地区的重要经济中心，沈阳拥有繁荣的经济产业和优越的地理位置。它是中国东北的交通枢纽，连接了多个重要的城市和产业区域，被誉为"一朝发祥地，两代帝王都""共和国长子"，这也是笔者的家乡——沈阳。

这些对于家乡的热爱和浓厚的情感融入了我们对于这个项目的设计过程。首先，我们把建筑贴近沿街的一跨打开变成户外景观楼梯，主要解决沿街引流的问题，人们可以通过景观楼梯直接去往二楼服务台或以上楼层的客房；其次，没有入住酒店的客人也可以通过这个景观楼梯到达顶层的花园咖啡厅和酒吧就餐。即便两者都不是，你也可以享受这个景观楼梯带给你的风景，爬到半空俯视沈阳故宫全貌。这样设计看似损失了一层部分面积，但是带来的综合效应会加倍还给项目业态。从顶层落下的叠水装置增加了景观的丰富程度，人们可以通过一个曲径通幽的石板路直接进入酒店一楼乘坐电梯去往二三楼客房或是屋顶咖啡厅。

咖啡厅部分是这个项目的亮点，也是投资较大的地方，首先沈阳故宫周围需要有景观退线，我们利用这个退线做了静水水系，后面的建筑在楼顶看去仿如一只展翅的凤凰。凤凰鸟也是沈阳的神鸟，沈城的标志。人们可以通过户外楼梯在建筑顶端漫步，随便游走。咖啡厅内部看似随意的起伏实则是建筑顶层坡道造成的。使用木饰面做内部整体装饰，配着壁炉，提供给用户温暖舒适的氛围，外部则采用反差比较大的民国时期的瓦片，保存历史痕迹的同时也是对这种传统材料的尊重和美的发现。静水旁是人们可以随意游走的石板，红色的亭子作为点缀，形成空间中的一抹中国红。水系中央是一面照往天空的镜子，镜子里是天空的原貌，利用自然，回馈自然，拥抱自然，正是这个项目的重心所在，也提醒着人们要对大自然抱有敬畏之心。

酒店的内部由于空间旧有结构的原因会产生很多无采光的客房，所以我们正好利用原始的两个挑空井来完成一个共享中庭的概念，使其变成了一个带有阳光顶的室内画廊。平日，可以在这里做一些艺术家设计师的展览，同时它也很好地解决了暗房空间的采光问题。也许这个设计点会带给这些暗房高于采光房的价值，因为你推开你的窗户或门就直接进入了画廊，换句话说，这个画廊里的艺术品就是你房间内的景观装饰，设想一下，谁不想居住在一个满是艺术品的空间内呢？

房间内部的陈设以及材料尽量贴近自然，虽然对标的是旁边的亚朵酒店，但是空间提供了更广阔的设计可能性。装饰品大多采用年轻艺术家的作品，以放代卖，大到墙面的装饰品，小到桌子上的摆件，哪怕是一个烟灰缸、书或台灯都是可以被客人带走的。这个也是在做这个项目前期研究了全季酒店创始人季琦先生的书所学到的方法，尽量学以致用，把项目做到极致（见图6-6）。

图6-6 希尔顿沈阳故宫民宿空间设计效果图

图6-6(续) 希尔顿沈阳故宫民宿空间设计效果图

图6-6（续）　希尔顿沈阳故宫民宿空间设计效果图

图6-6(续) 希尔顿沈阳故宫民宿空间设计效果图

图6-6（续） 希尔顿沈阳故宫民宿空间设计效果图

第七章 娱乐空间设计

娱乐空间设计是一个综合性很强的领域，涉及建筑学、环境设计、心理学和文化研究等多个学科。它不仅要满足人们的休闲需求，还需要通过空间的精心布局和细节设计，创造出与众不同的感官体验和情感共鸣。这种设计思维促使设计师不断探索新的方法和技术，确保空间能够同时具有美观性、功能性和文化属性。

一、以体验为核心的设计

随着体验经济的兴起，在现代娱乐空间设计中，用户体验越来越受到大家的重视。体验经济理论认为，消费者购买的不仅仅是商品或服务，更希望通过消费行为获得一种难忘的体验。因此，设计师在进行娱乐空间设计时，会特别注重如何通过空间的布局、色彩、灯光、音效等多感官的刺激，来营造沉浸式的体验环境。

华特迪士尼幻想工程与开发公司（Walt Disney Imagineering）简称"幻想工程"，是华特迪士尼公司旗下的开发部门，负责设计建造世界各地的迪士尼主题乐园。其公司的设计案例是以体验设计为核心的典范，该公司的设计理念集中在通过叙事性空间（narrative spaces）和互动元素来创造"魔法般"的体验。例如，在迪士尼乐园，游客不仅是参观者，更是故事的一部分，他们在游乐设施中、在主题餐厅里，甚至在走廊上，都会感受到故事情节的推进和情感的升华。[①]这种通过精心设计的情感旅程，使得游客不仅记住了游乐设施的刺激，更记住了其中的情感体验和故事背景。

设计师在这种空间设计中运用了"情感设计"（Emotional Design）理论。根据唐纳德·诺曼（Donald Norman）的理论，情感设计不仅涉及功能性和实用性，还要引发用户的情感反应，使他们对空间产生亲近感和归属感。[②]这种设计不仅增加了用户的满意度，还提高了他们对品牌或场所的忠诚度。

二、空间的灵活性与功能性

娱乐空间设计需要高度的灵活性和功能性，以适应各种不同类型的活动和不断变化的用户需求。这种需求在购物中心、展览馆、娱乐场所等多功能空间中尤为明显。这些空间往往需要能够快速转换布局，以适应从大型活动、展览到小型聚会、个人娱乐等多样化的用途。

西雅图的太古广场（Pacific Place）购物中心是这一设计策略的一个典型案例。设计师通过采用可移动的墙体、模块化家具和灵活的灯光系统，使空间能够迅速调整以适应不同的活动需求。这不仅提高了空间的利用率，也增强了空间的经济效益。[③]模块化设计（Modular Design）在这里发挥了重要作用，它使得设计师能够预见未来的使用需求，并设计出能够随之变化的空间结构。[④]

此外，功能性在娱乐空间设计中也至关重要。设计师需要确保空间的每个部分都能够最大化地服务于其功能。例如，在剧院设计中，设计师需要考虑观众席的视线、声学效果、通风系统等多个因素，确保观众在观看演出时的体验是最佳的。空间的功能性设计还需要考虑用户的流动性和易达性，确保无障碍设计和人性化的服务设施能够满足不同群体的需求。

---

① 柯伦，L. 迪士尼幻想工程：揭秘梦想背后的魔法制作［M］. 纽约：迪士尼出版社，2010.

② 诺曼，D. A. 情感设计：我们为什么爱（或恨）日常物品［M］. 纽约：基础书籍出版社，2004.

③ 贝丁顿，N. 灵活空间设计：多功能空间的新方法［J］. 建筑设计，2007，77（2）：64–71.

④ 哈布拉肯，N. J. 普通结构：建筑环境中的形式与控制［M］. 剑桥：麻省理工学院出版社，1998.

三、技术与空间的融合

现代娱乐空间设计越来越多地依赖先进技术的整合，以提供超越传统体验的多感官刺激。技术在娱乐空间中的应用不仅限于装饰性和功能性，更在于如何通过技术创造出令人惊叹的互动和沉浸式体验。例如，增强现实（AR）和虚拟现实（VR）技术在近年来逐渐成为娱乐空间设计的重要组成部分。

日本大阪的环球影城（Universal Studios Japan）成功地将VR技术引入多个游乐设施中，游客能够在虚拟与现实交织的环境中，身临其境地体验《哈利·波特》电影中的魔法世界。①这种技术与空间的结合不仅为游客提供了更加丰富的感官体验，还为主题公园设计开辟了新的可能性，使得设计师能够创造出更加复杂和动态的空间体验。

此外，现代数字技术的发展还使得互动设计成为娱乐空间的重要部分。通过传感器、投影技术和智能系统，娱乐空间可以与用户实时互动。例如，在纽约的冰激凌博物馆（Museum of Ice Cream）中，设计师利用互动投影和传感技术，创造了一个与游客互动的甜品世界，让参观者能够参与到空间设计中，而不仅仅是被动的观察者。②这种互动性不仅提高了用户的参与感，还创造了独特的个性化体验，使得每个用户的体验都是独一无二的。

四、文化与主题的融合

娱乐空间设计中的文化和主题元素对于吸引特定的受众群体至关重要。在全球化的背景下，设计师越来越多地在空间中融入特定的文化元素，以增强空间的主题性和独特性。这种设计不仅能够吸引来自不同文化背景的游客，还能够通过空间设计表达和传播文化价值。

上海迪士尼乐园是这种设计策略的一个典型案例。该乐园在设计过程中，充分融入了中国文化元素，如十二生肖雕塑、传统的中式建筑风格以及富有中国特色的节庆活动。这些设计不仅增强了主题公园的文化吸引力，还使得

---

① 基珀，G.，兰波拉，J. 增强现实：AR 技术指南［M］. 波士顿：辛格雷斯出版社，2012.

② 卡尔波，M. 第二次数字转向：超越智能的设计［M］. 剑桥：麻省理工学院出版社，2017.

乐园能够更好地融入当地文化环境。[①]这种主题化设计（Themed Design）通过对文化元素的深入挖掘和创新应用，创造出具有深刻文化内涵的娱乐空间，使得游客不仅仅是被娱乐，更是在文化中获得教育和启迪。[②]

这种设计方法还可以帮助品牌和娱乐空间建立独特的市场定位。例如，意大利的电影世界（Cinecittà World）主题公园通过意大利电影文化的元素设计，将自身定位为电影文化爱好者的理想目的地，从而吸引了大量对电影文化感兴趣的游客。这种通过文化主题强化品牌定位的设计策略，极大地提升了娱乐空间的市场竞争力。

五、可持续性与环保设计

随着全球对环境保护的重视增加，娱乐空间设计也越来越关注可持续性和环保设计。现代娱乐空间不仅要满足用户的需求，还需要在设计和运营中尽量减少对环境的负面影响。可持续设计不仅包括对能源效率的考虑，还涉及材料的选择、资源的节约以及对自然环境的保护。

新加坡的滨海湾花园（Gardens by the Bay）是这一设计理念的一个成功范例。该项目在设计中采用了多种环保技术，如大规模的太阳能电池板、雨水收集系统和自然通风设计，使得这个庞大的娱乐空间在运营过程中能够显著减少能源消耗。[③]设计师通过"可持续设计"（Sustainable Design）策略，成功地将自然与人工环境融合，创造出和谐且环保的空间体验。[④]

此外，设计师在娱乐空间设计中越来越多地使用可再生材料和低碳技术，以减少建筑物的碳足迹。例如，在许多新建的主题公园和娱乐设施中，设计师采用了竹子、再生木材和低挥发性有机化合物涂料等环保材料，以减少建筑对环境的影响。这种可持续的设计理念不仅有助于环境保护，还能够提升空间的长期经济效益和社会责任感。

娱乐空间设计是一个复杂且多维的过程，涉及用户体验、空间功能性、

① 芬隆，W. 上海迪士尼乐园的文化适应 [J]. 主题公园研究杂志，2016，2（1）：45-60.
② 戈特迪纳，M. 美国主题化：美国梦、媒体幻想与主题环境 [M]. 博尔德：西视出版社，2001.
③ 高健，J. 新加坡的可持续建筑：绿色迷宫 [M]. 新加坡：施普林格出版社，2014.
④ 基伯特，C. J. 可持续建筑：绿色建筑设计与交付 [M]. 霍博肯：约翰·威利出版社，2016.

技术整合、文化主题以及可持续性等多个方面。通过结合情感设计、模块化设计、主题化设计以及可持续设计等方法，现代娱乐空间能够为用户提供更加丰富和深刻的体验，满足他们日益增长的多样化需求。未来，随着技术和文化的不断演进，娱乐空间设计将继续创新，为全球用户创造更多令人难忘的体验和共鸣。

第二节　娱乐空间设计案例

一、V.V Lounge

在这个项目中，为了能够降低施工成本，并且通过统一的设计元素来强化空间的视觉调性，我们再一次使用了半透明的钢网材料。因为现场内部空间不大，无法做过多的遮挡，但是有包房卡位区域需要一定的私人感，在这种情况下，钢网的半通透属性就非常符合。为了在钢网的基础上创造出差异化，我们想到了蔡国强老师使用火药在庞贝城的爆炸作品后留下的痕迹。我想把这些和谐的钢网通过高温烧熔后形成一种随机的痕迹，之后希望得到一个残骸感的、斑驳的巴洛克风格的钢网做成的酒吧。但是因为现实空间中的消防等条件制约，这个想法最终没有实现，但是这个设计的雏形已经在脑子里形成，希望以后可以有合适的机会来展示。我们再一次回到了最初的问题，设计始终要为人服务，并且设计在很多时候面临着落地的实际问题，设计师需要有多方的考虑并且在积累足够的经验的同时尽可能去实现理想的设计意图。最终我们使用了定制的灯光造型来作为主体视觉形象，形成空间的中心，并通过具有识别性的色彩来渲染空间的气氛，通过局部鲜艳的颜色与整体的暗色调形成对比。而在外立面的设计上则使用了比较克制的弧形门口和大面积的落地窗，通过室内和室外的呼应来形成整体的空间效果（见图7-1、图7-2）。

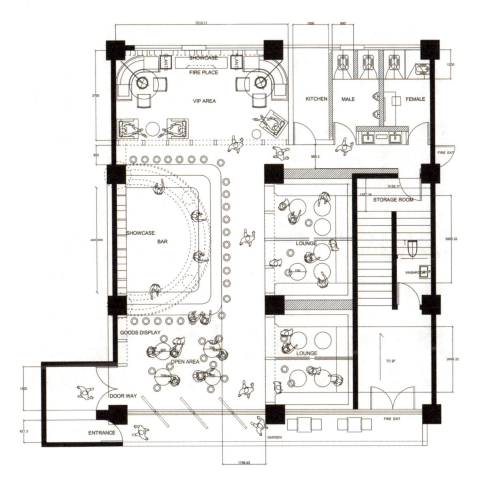

图7-1　V.V Lounge 空间设计平面图

图7-2　V.V Lounge 空间设计效果图

图7-2（续） V.V Lounge空间设计效果图

二、轰趴馆

这个项目的初始场地是使用集装箱做的小商业业态，项目方打算把其中一部分做成轰趴馆。当时这个概念在沈阳还很新，整体商业提供吃住玩的一体化服务，很受年轻人的追捧。甲方希望可以有一个比较年轻化比较酷的设计风格。我们从外立面、室内空间、整体装饰、经营形态等多重方面进行了考虑，最终形成了效果图中展示的形态（见图7-3、图7-4、图7-5）。

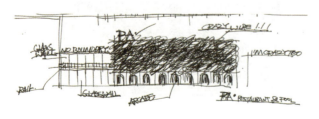

图7-3 轰趴馆空间设计手绘草图

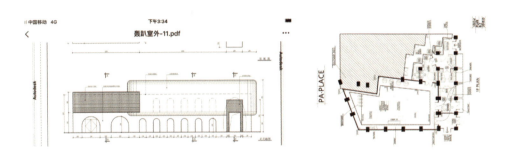

图7-4　轰趴馆空间设计平面图

图7-5　轰趴馆空间设计效果图

三、赤峰The Soul Bar

两个乐屋项目的落成给我们带来了很多后续设计项目。从做沈阳乐屋末日版到杭州乐屋土豪版整个周期里，前前后后一共有十七个项目找到我们，大部分项目方都充满诚意，特意从外地飞到沈阳。那段时间很忙，项目接不过来，最后我们研究决定，为了保障每个项目的品质，只能前期做有效沟通，看看甲方和我们对于空间的定位需求是否一致。之后我们遇到了这个项目，和甲方的沟通十分顺利，项目计划是设计一个美式酒吧，我们围绕着这个稍微模糊的主题展开了想象和思考。

雷蒙德·卡佛说过："当我回头看时发现，我所有重要的决定都是在喝酒时做出的。"喝酒当然在哪里都能喝，但在酒吧是不同的。许多作家、艺术家和编剧热爱酒吧，他们在酒吧里见到的人和事，常常成为日后创作的素材。在酒吧，你会遇到各种各样的人，看到不同的故事上演。酒吧是一个奇妙的地方，它不同于日常的物质世界，关于生存、梦想、人性和情感的一切，在这里被折射得更加清晰，人物和故事显得特别有张力。可以说，酒吧是现实世界的符号化抽象。

提到这一点，就不能不提《午夜巴黎》了！在这部电影中，导演伍迪·艾伦带我们穿越到20世纪20年代的法国巴黎，走进巴黎那些街头的小酒吧里。在那里，你可以听到纯正的摇摆乐，遇见才华横溢又喜怒无常的菲茨杰拉德夫妇，甚至可以和海明威聊聊文学，跟路易斯·布努埃尔和达利讨论艺术。说到电影里的酒吧，没有任何理由漏掉《卡萨布兰卡》。二战期间，大批难民滞留在卡萨布兰卡，银行家、落魄者、投机者、间谍，各色人等鱼龙混杂，他们每天聚集在里克酒吧。里克酒吧的陈设老派、怀旧，乐师山姆弹奏着一架钢琴。这些精彩电影里的酒吧场景让人印象深刻，我们进而想象到深棕色的木头、带有很复杂的雕刻、水晶灯、皮沙发和椅子、踩上去吱吱作响的老地板或是带有黑白拼花的大理石地面。

项目位于赤峰红山区万达广场旁边，属于一级商圈的背面，闹中取静的一个地方。对面有河和一个小型停车场。它是在商业街的转角处，地理位置极佳。项目外立面可以看到一个竖向十几米高的门头，但二楼其余部分属于另一家公司的办公室。我们需要在室内空间分割出一部分来给这家公司的员工单独设一部楼梯，让人员可以从侧面进出，这样一楼就可以保证我们完全自用了。

这个空间比较有挑战的是举架不够，很难出现有气势性的场景。同时，怎么样打造一个美式风格的酒吧，但又具备"新"的特点和感受是我们思考的主要问题。我们希望不仅仅是复原一个传统意义上的美式酒吧。方案之初，针对项目内容的分析，我们经过讨论首先提出了一些关键词，然后我们按照关键词再去挖掘对应可拓展出来的造型、材料、空间和家具。以下是我们针对这些关键词所给出的对于空间的定位。

纯粹：简洁、不复杂、统一调性、语言重复、材料单一，使用面积要大。质感：品质感，皮质纹理要大，木头纹理要明显，图形突出，触摸到的地方手感要对，皮帘、布帘材料要地道。暗黑：整体色系要暗下去、有简单的色彩点缀、让人感觉到很酷、灰色系的高级感。跳色：局部要有色彩、在整体暗色调基础上增加局部纯色，法国皇室蓝、薄荷绿。饱和：无论从光的角度还是材料质感的角度，要饱满、要疏密有度，达到空间内最大限度承载，家具、壁炉、吊灯、酒柜、过道、人的因素融合。

在这个空间中我们通过拱形红砖的大面积重复使用和交织，让人仿若进入一个"无限度"的空间，"无边界"的情景制造，让人充满欲望去探索。"无门"的概念是一个特别好的来诠释我们想法的一个细节。在空间的远端我们设置了几个包间，包间立面是卡座和极强烈的视觉符号，让人完全沉浸在其中，这种"无门"的设计，既节省了空间又增强了互动性。我们采用头层皮革双侧贴面，上面附有铆钉（这个方法和素材也应用在了卫生间和建筑外立面），很像一个非常摇滚范的皮衣，提升了空间的趣味性。

建筑部分是这个改造设计的难点，因为二层除了正立面的一个很窄的部分以外，全部是其他业主的业态。而且由于这个地理位置的限制，导致它的平行视点的视距非常短，从设计的角度看，建筑左右两侧来往的人和车对建筑的视觉判断要远远低于在远处高点或近处高空对建筑的视觉上的感知。分析至此，这就产生了两个方向的解决思路：第一，我们需要解决平行视点下，建筑左右两侧来往人群的问题；第二，也是更重点的，我们需要解决远处如高铁视点、护城河视点、住宅楼视点，这些高点的视觉问题。针对这些问题，我们细化了如下解决方案。

截流：建筑空间前面的空地除了有一个两米多宽的人行路以外就是一个双向单车道，然后就是绿化带、停车场、高架桥和护城河。人流大部分是开车路过此地，建筑右侧100米处是地下停车场出入口，旁边是行人出入口。建筑位于转角处，地理位置非常不错。我们通过绿色石材结合古典建筑形态，将一楼可用空间充分地做了横向展开，穿插着导向二楼可用空间；同时通过金色的铜线给大理石体块做了分割，使体块看着更有层次，视觉冲击更强；为了搭配中间区域的主体形象，我们把侧面的大理石体块全部做了顶面斜割的处理，这样整体建筑在中间主体的带领下有一种无限向上的感觉，这也引领了人们的视觉捕捉慢慢向二层或更高的地方提升。当错落的、高低不一的、被铜条分割成不同大小体块的这些大理石造型被横向展开时，在这个有限的街角，吸引了大家的视觉注意力。

标志性：它主要解决的是远端客流以及近处视觉转化停留的问题。前面已经提到，因为它建筑二层只有主体部分可以使用，所以我们考虑要加大加高主体部分，把一层左右两侧可用部分作为主体建筑形象的支撑和辅助。我们把建筑整体高度提高了四米，整个一排等高的商业，有一个突破的高点反而引起视觉注意。我们选择了一种对称式的尖顶造型，这个尖顶造型通过叠加层次慢慢转化成一个半写实的"豹头"雕塑。这样无论你从远方的高铁、高架桥、护城河还是住宅楼，你都可以清晰地看到一只豹子的形象要从这一建筑顶端跃起，从而提升了建筑的可识别性（见图7-6）。

图7-6　赤峰 The Soul Bar空间设计效果图

图7-6（续）　赤峰 The Soul Bar 空间设计效果图

图7-6（续） 赤峰 The Soul Bar 空间设计效果图

第八章　空间中的平面设计语言及装饰元素

第一节　空间中的平面设计语言

一、空间中的平面设计语言概述

空间中的平面设计语言是指在物理空间中通过图形、文字、色彩和材料等视觉元素进行传达和表达的设计方式。这种设计语言不仅在视觉上引导用户的注意力，还在情感上影响他们的空间体验。随着空间设计领域的不断发展，平面设计在空间中的应用已经从传统的装饰功能扩展到环境识别、品牌传达、信息传递等多个方面。

（一）视觉传达与信息设计

空间中的平面设计语言首先要解决的是信息传达问题。在公共空间、商业空间和展览空间中，平面设计往往用于引导、提示和解释，帮助用户理解空间功能和使用方式。例如，医院中的标识系统需要以直观、清晰的方式引导患者和访客找到他们需要的科室或设施。这类设计需要综合考虑文字的可读性、色彩的可辨识度以及符号的普适性。[①]

库尔特·魏德曼（Kurt Weidemann）在他的研究中指出，平面设计语言在空间中的应用应当遵循"少即是多"的原则，即通过精简的设计语言达到

---

① 弗拉斯卡拉，J.传播设计：原则、方法与实践 [M].纽约：奥尔沃斯出版社，2004.

有效的信息传递。①例如，慕尼黑地铁的导视系统设计中，设计师采用了高度统一的字体和图标，结合鲜明的色彩对比，确保了信息的可读性和可理解性。通过这种设计，用户能够在复杂的空间中迅速找到方向和目的地，减少了迷失和焦虑的可能性。

（二）品牌传达与空间识别

在商业空间中，平面设计语言还承担着品牌传达的重要功能。通过在空间中应用品牌的视觉元素，如标志、颜色、图形风格等，设计师能够将空间打造成品牌的延伸，使用户在进入空间时立即感受到品牌的氛围和价值观。例如，苹果商店（Apple Store）的空间设计中，简洁的图形、纯白的色调以及简约的布局与苹果品牌的设计哲学高度契合，增强了品牌识别度。②

阿德里安·肖内西（Adrian Shaughnessy）指出，品牌传达的平面设计语言不仅要在视觉上与品牌形象一致，还需要在空间中创造一种沉浸式的品牌体验。③这种设计策略通过空间中的视觉元素，潜移默化地影响用户的情感和行为，使品牌在用户心中留下深刻印象。例如，在星巴克的门店设计中，设计师通过精心挑选的壁画、标志性绿色和独特的装饰元素，将品牌的文化内涵和社区氛围融入每一处空间细节中，创造出既独特又具有吸引力的品牌体验。

（三）空间氛围与情感影响

平面设计语言不仅用于信息传达和品牌识别，还在很大程度上影响空间的氛围和用户的情感体验。不同的色彩、字体和图形元素能够传达出不同的情感信息，从而影响用户在空间中的心理状态和行为。例如，在儿童医院的设计中，设计师通常会使用明亮、温暖的色彩和友好的图形元素，以减轻儿童患者的紧张情绪，营造一个更加轻松和愉悦的环境。④

佩妮·斯帕克（Penny Sparke）在其研究中提到，平面设计语言在空间氛围的塑造中起着关键作用，设计师可以通过色彩心理学、形式感知和材料质

———————

① 魏德曼，K.品牌标识：传播策略与设计［M］.柏林：施普林格出版社，2002.

② 霍尔，P.设计苹果：全球最佳商店设计的过程与经验［M］.波士顿：哈佛商业评论出版社，2014.

③ 肖内西，A.如何成为一名不失灵魂的平面设计师［M］.纽约：普林斯顿建筑出版社，2013.

④ 戈普，T.，亚当斯，E.情感设计［M］.波士顿：摩根·考夫曼出版社，2012.

感等因素，精确控制空间传达的情感信息。①例如，在现代办公空间中，设计师通常会选择简洁、专业的色彩搭配和直线条的图形元素，以营造一种高效、集中的工作氛围。而在休闲娱乐空间中，柔和的色调和流动的图形设计则有助于创造轻松、愉快的环境氛围。

（四）文化符号与社会意义

空间中的平面设计语言还可以通过文化符号的应用，传达特定的社会意义或文化内涵。在博物馆、历史遗址和纪念馆等文化空间中，平面设计语言不仅要传递信息，还需要表达空间的文化背景和历史故事。例如，在华盛顿特区的美国大屠杀纪念博物馆，设计师通过平面设计语言精心传达了历史的沉重感和纪念的庄严性，采用低饱和度的色彩和简约的排版，增强了空间的历史氛围和情感深度。②

设计师约翰纳·德鲁克（Johanna Drucker）指出，平面设计语言在表达社会文化意义时，应当尊重和理解特定文化的视觉传统和符号系统，并将其融入设计中。③例如，在文化主题公园或城市地标的设计中，设计师通过使用本土化的图形符号、传统色彩和材质，创造出具有地方特色和文化认同感的空间体验。这样的设计不仅使空间更具文化深度，还能够增强用户的文化认同和情感共鸣。

（五）数字化与互动设计

随着技术的进步，平面设计语言在空间中的应用也逐渐走向数字化和互动化。数字标识、动态展示和互动屏幕等新兴设计手段，使得平面设计语言在空间中能够更加灵活和生动地传达信息和情感。例如，在纽约的现代艺术博物馆（MoMA），设计师利用互动屏幕和动态文字展示，为参观者提供了更为丰富和直观的艺术信息，同时增强了展览的互动性。④

马尔科姆·麦卡洛（Malcolm McCullough）在其著作《数字场地》（*Digital Ground*）中指出，数字技术的融入使得平面设计语言在空间中不再是静态的，

---

① 斯帕克，P. 设计与文化导论：从1900年至今［M］.阿宾登：劳特利奇出版社，2013.

② 林腾纳尔，E. T. 记忆的保存：创建美国大屠杀纪念馆的斗争［M］.纽约：哥伦比亚大学出版社，2001.

③ 德鲁克，J. 可见的文字：现代艺术中的实验性排版，1909—1923［M］.芝加哥：芝加哥大学出版社，1994.

④ 安东内利，P. 与我对话：人与物体之间的设计与交流［M］.纽约：现代艺术博物馆，2011.

而是可以随着用户的行为和环境的变化实时更新和互动。[①]这不仅提高了信息传达的效率，还使空间体验更加个性化和动态化。例如，在智能零售空间中，数字化的广告牌和互动屏幕能够根据顾客的行为和喜好实时调整内容，使顾客体验更加个性化和贴近需求。

空间中的平面设计语言是一个复杂而多维的设计领域，它不仅在视觉上引导和影响用户，还通过色彩、图形、文字等视觉元素传达情感和文化内涵。通过结合信息设计、品牌传达、空间氛围、文化符号以及数字化互动等设计策略，设计师能够创造出既具有功能性又具有深刻情感共鸣的空间体验。随着技术的不断发展和用户需求的多样化，平面设计语言在空间中的应用将继续演变，为未来的空间设计提供更多创新和可能性。

二、空间中的平面设计语言应用案例

（一）晓升餐厅

这家餐厅是一个小空间设计的典型案例。甲方希望将整体空间分割成两个业态来经营，这也是符合时代背景下，缩小经营范围的同时提供给客人多重选择的优势。考虑到厨房共享、方便点餐等因素，相应地就要求装修成本降低，但同时也需要有效的设计语言来强化品牌形象，提供良好的空间体验。所以在这种项目需求下，在空间中我们首先选择了夯土墙以及类快餐的模式来营造空间功能和整体布局。其中最主要的是使用了适合的平面设计语言来凸显品牌形象。利用造价较低的印刷方法、使用夸张的文字设计可以增加餐厅整体的烟火气。我们还在空间中使用了不锈钢饭盒做成了三个球形灯装置，营造出一种儿时的复古的感觉。在此基础上我们提出了品牌标语"晓时候的味道"来呼应项目的名字"晓升"。外立面想要打造醒目的形象，于是我们采用了大面积的纯色配合有冲击力的书法字体。这种做法成功地控制了施工成本。色彩、文字、平面语言的合理运用加强了空间的现代感和氛围感（见图8-1）。

---

① 麦卡洛，M. 数字场地：建筑、普及计算与环境认知［M］. 剑桥：麻省理工学院出版社，2004.

图8-1　晓升餐厅空间设计效果图

图8-1(续) 晓升餐厅空间设计效果图

（二）开海大吉餐厅

这个项目最初的设计需求也是造价要低，因为项目所在地属于城市的黄金位置，距离海边度假胜地非常地近，所以流量肯定没问题。项目位于旅游景区，基本只能营业四个月黄金期，其他时间休息，所以设计需求首要考虑的就是控制成本，利润最大化。

在清楚设计限制之后，我们考虑到要设计一个造价低廉且醒目的门头，需要非常直观地让路过的游客看到，于是我们选用了灯箱的形式，并通过平面设计语言的运用提升了品牌的整体识别性。在室内空间设计中，首先我们选择尽量减少装饰面的处理，只是把原有水泥墙面再通过二次打磨凿出更好的肌理。其次就是通过一些复古的瓦片营造出一种百年老店的氛围，通过现成品的装置处理空间关系，同时它也是海边捕鱼城市的象征。再次无数艘老木船形成一种赶海归来的气氛，也比较符合这个"开海大吉"的气场。最后也是很主要的就是平面设计的内容，我们提炼了一些与项目有关、与城市有关的关键词进行视觉表达和视觉强化，这也让客户（都是游客）感觉到一种城市的记忆，提升品牌的识别性（见图8-2）。

图8-2　开海大吉餐饮空间设计效果图

图8-2（续） 开海大吉餐饮空间设计效果图

图8-2（续）　开海大吉餐饮空间设计效果图

第二节　空间中的装饰设计语言

一、空间中的装饰设计语言概述

装饰设计语言在空间设计中扮演着重要角色，它不仅仅是对空间的美化，更是传达特定文化、历史、情感和功能信息的手段。通过对材质、色彩、纹理和形态的巧妙运用，装饰设计能够强化空间的主题，增强用户的体验，并与环境形成对话。

（一）装饰设计的历史与文化背景

装饰设计的语言与所在地域的历史和文化背景息息相关，不同的时代和地域都有其独特的装饰风格。例如，维多利亚时期的装饰风格以复杂的花卉图案、华丽的材质和丰富的色彩为特点，旨在展示财富和品位。[1]相比之下，20世纪初的现代主义运动则提倡简洁、功能性强的设计语言，强调"少即是多"的理念。[2]

在这一语境下，装饰设计不仅反映了美学偏好，还传达了社会和文化价值。例如，查尔斯·詹克斯（Charles Jencks）在《后现代建筑语言》中指出，后现代主义的装饰设计通过对历史符号的重新诠释，挑战了现代主义的简洁美学，重视装饰在传达文化意义中的作用。[3]这种设计语言在许多后现代建筑中得到了体现，如迈阿密的南海滩艺术装饰建筑群，以其色彩鲜艳的几何图案和复古的装饰细节而闻名。

（二）材质与纹理的表达

材质与纹理是装饰设计语言中的核心元素，它们不仅影响空间的视觉效果，还能引发触觉和情感反应。不同的材质如木材、金属、石材、织物等，都能通过其固有的纹理和质感，传递特定的情感信息和空间氛围。例如，粗

---

① 普拉兹，M.室内装饰史图解：从庞贝到新艺术风格［M］.伦敦：泰晤士与哈德逊出版社，1964.

② 班纳姆，R.第一机器时代的理论与设计［M］.纽约：普雷格出版社，1960.

③ 詹克斯，C.后现代建筑语言［M］.纽约：Rizzoli国际出版公司，1991.

糙的天然石材常用于营造自然、原始的空间感，而光滑的金属表面则传达出一种现代、工业化的美感。①

洛伊斯·温塔尔（Lois Weinthal）在《材料与室内设计》中探讨了材质与纹理在空间装饰中的重要性，指出材料的选择不仅影响空间的美观，还对用户的感知和行为产生深远影响。②例如，在豪华酒店的设计中，设计师常常使用丝绸、天鹅绒等奢华材质，通过丰富的纹理和柔软的触感，营造出舒适和高贵的空间氛围。这种材质的运用不仅是视觉上的享受，更是触觉上的体验，进一步提升了用户的空间感受。

（三）色彩与情感的联结

色彩在装饰设计语言中具有强大的情感影响力。不同的色彩不仅能够改变空间的视觉效果，还能影响用户的情绪和心理状态。色彩心理学的研究表明，暖色调如红色、橙色和黄色通常能够营造出温暖、活力的氛围，而冷色调如蓝色、绿色和紫色则有助于创造宁静、放松的环境。③

费伯·比伦（Faber Birren）在其经典著作《色彩与人类反应：光与色彩对生命体反应及人类福利的影响》中详细阐述了色彩在空间设计中的情感作用，指出色彩选择应与空间的功能和用户体验密切相关。④例如，在餐厅设计中，设计师往往使用温暖的红色或橙色，这些颜色能够刺激食欲并增强社交氛围。而在医疗空间中，设计师则倾向于选择柔和的蓝色或绿色，以帮助患者放松并减轻焦虑感。

此外，色彩还可以通过对比和调和来增强装饰效果。例如，在现代艺术博物馆的设计中，设计师常常使用大胆的色彩对比，如黑白相间的墙壁或红绿相映的家具，通过这种色彩冲突来吸引视觉注意力，增加空间的动感和活力。这种色彩设计不仅丰富了空间的视觉层次，还增强了空间的情感表达。

（四）装饰图案与符号的象征意义

图案与符号是装饰设计语言的重要组成部分，它们通过视觉形式传达特

---

① 温塔尔，L. 迈向新内饰：室内设计理论文集［M］. 纽约：普林斯顿建筑出版社，2011.

② 温塔尔，L. 材料与室内设计［M］. 纽约：约翰·威利出版社，2010.

③ 比伦，F. 色彩心理学与色彩疗法：色彩对人类生活影响的实证研究［M］. 纽约：麦格劳–希尔，1961.

④ 比伦，F. 色彩与人类反应：光与色彩对生命体反应及人类福利的影响［M］. 纽约：约翰·威利出版社，1978.

定的象征意义和文化内涵。例如，几何图案在现代主义设计中被广泛应用，象征着理性、秩序和简洁，而自然图案如花卉和动物则常用于传统设计中，象征着生命力和自然和谐。[①]

在《风格问题：装饰艺术史的基础》中，阿洛依·里格尔（Alois Riegl）指出，装饰图案不仅是视觉元素，更是文化象征，它们通过历史的传承和创新，构成了装饰设计的语言系统。[②]例如，在伊斯兰建筑中，复杂的几何图案不仅具有装饰作用，还蕴含着深刻的宗教和哲学意义，这些图案通过其精确的对称性和无限的重复，象征着宇宙的无尽与上帝的全能。

设计师在现代空间中应用装饰图案时，往往会结合空间的功能和文化背景，创造出具有特定象征意义的装饰语言。例如，在文化主题酒店中，设计师可能会使用本地传统的图案和符号，通过墙纸、地毯和家具装饰，传达地域文化的独特性和历史积淀。这样的设计不仅增强了空间的文化氛围，还提升了用户的文化认同感和体验深度。

（五）数字化与动态装饰设计

随着科技的发展，装饰设计语言也逐渐从静态走向动态，数字化技术为装饰设计带来了全新的可能性。动态装饰设计通过数字技术，如LED显示屏、投影技术和智能材料，使空间装饰能够根据时间、环境和用户行为实时变化，创造出更加丰富的视觉体验。[③]

在《动态装饰与互动设计》中，菲利普·拉姆（Philippe Rahm）探讨了数字技术如何改变传统装饰设计的方式，指出通过数字化和交互技术，装饰设计可以更好地与用户互动，提供个性化的空间体验。[④]例如，在现代商业空间中，设计师利用投影技术在墙壁和天花板上展示动态图案和色彩，这些图案能够随着时间的变化或用户的移动而改变，使空间始终充满新鲜感和活力。

数字化装饰不仅为空间增添了动态美感，还具有功能性。例如，在智能家居中，墙壁的装饰图案可以根据用户的心情或天气变化自动调整，为用户创造更舒适的生活环境。这种结合技术与装饰的设计语言，不仅提升了空间

① 贡布里希，E. H. 秩序感：装饰艺术心理学研究［M］.伊萨卡：康奈尔大学出版社，1979.
② 里格尔，A. 风格问题：装饰艺术史的基础［M］.柏林：乔治·雷默出版社，1901.
③ 卢普顿，E.，米勒，J. A. 设计写作研究：关于平面设计的写作［M］.伦敦：法顿出版社，1999.
④ 拉姆，P. 动态装饰与互动设计［M］.剑桥：麻省理工学院出版社，2012.

的美学价值，还增强了空间的互动性和智能化水平。

空间中的装饰设计语言是一个复杂而多层次的设计领域，涉及材质、纹理、色彩、图案和数字技术等多个方面。通过对这些元素的巧妙运用，设计师能够创造出既具美感又富有文化内涵的空间体验。随着技术的发展和文化的多样化，装饰设计语言将继续演变，为未来的空间设计提供更多创新和可能性。

二、空间中的装饰设计语言应用案例

（一）有食有米餐厅

这是一个经营面积很小的餐厅，刨去厨房、库房、卫生间，仅有六十几平方米的经营面积。空间整体平面造型是一个狭窄的长方形，中途还有一个转折形成了视觉盲点。所以，我们打算首先通过它的高举架来解决它经营面积不足的问题，从转折的空间开始，我们进行了夹层搭建，形成了一个35平方米左右的二楼空间，把它变成了两个包房，其中一个靠外的包房完全采用玻璃落地透明处理，消化这种由于搭建形成的视觉阻碍。包房望出来正好是卫生间的棚顶，我们利用这个空间做了很多绿植和装饰摆件，既然我们无法在狭窄的空间做出景观，我们就把装饰性的景观有机地悬置在空中。

卫生间的外立面采用了无印良品酒店尝试过的荒木料错拼的装饰语言，形成一个视觉焦点，旁边通往二层的钢楼梯采用麻绳装饰制作护栏，让一二层空间看起来更加连贯。墙面做了稻草漆处理，让整体感觉更加质朴和温暖。代替装饰画，我们采用麻绳印压的方法，先把麻绳固定在墙面上，再上一遍表层材料，之后把麻绳取下形成一个带有麻绳痕迹纹理的装饰墙。这个方法取自暮瑟（Zmuthor）设计的瑞士克劳斯兄弟田野教堂（Bruder Klaus Field Chapel）。教堂内部的墙面呈现出不均匀的黑灰波浪纹理，边缘不平整，仿佛天然形成的洞穴。这是由于一种特殊的建造方式：设计师让当地人运来木头，搭建成帐篷形状，用了110根木头，并在外部增加模板，通过钢管固定后，一层层注入混凝土，每层约半米高。最终，木头与混凝土凝固在一起。木头随后被烧掉，由于只有顶部和入口有少量进风，木头缓慢炭化，留下烟熏痕迹和松木味道。当木头烧掉后，光透过天井照进教堂，在黑暗的光线对比下空间的痕迹显得格外耀眼。我对这个项目记忆犹新，所以这次也采用了脱模的创作手法。外立面还是想做一个巢穴感的装饰表面，营造出回家的感觉。门脸展开面积很小，我们只能用单一语言做重复往上生长，这种材料的使用也受到日本建筑师隈研吾的设计元素的影响，算是一种向大师致敬的方式吧（见图8-3）。

图8-3　有食有米餐饮空间设计效果图

图8-3（续） 有食有米餐饮空间设计效果图

图8-3（续）　有食有米餐饮空间设计效果图

图8-3（续）　有食有米餐饮空间设计效果图

（二）煮麦记

　　煮麦记是一个小型餐厅，是为客户提供以天然面食为主的餐饮空间。为了呼应项目的主题我们在空间中使用了一种自然物——麦子作为装饰性材料融入整体空间中。这样在有限的环境中为用户提供了一种情境化的空间体验。似乎用麦子组成了一座城堡，又似乎把田野乡间的景色带到了城市的商业空间中。希望通过这种装饰性语言的运用从而提供给用户一种坐在麦田里吃了一碗面的感受，麦穗的金色质感既古朴又温暖，为空间带来了适合的调性（见图8-4、图8-5、图8-6）。

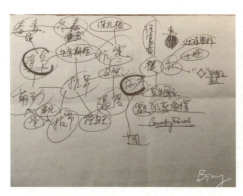
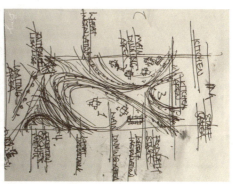

图8-4　煮麦记空间设计方案草图

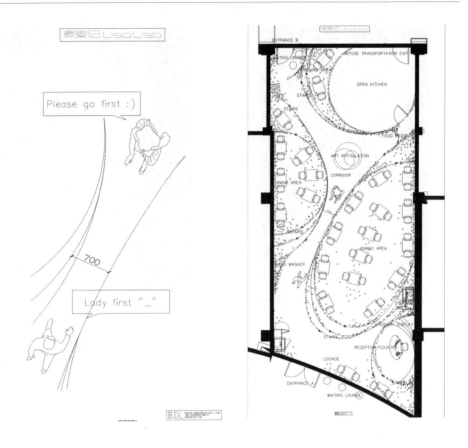

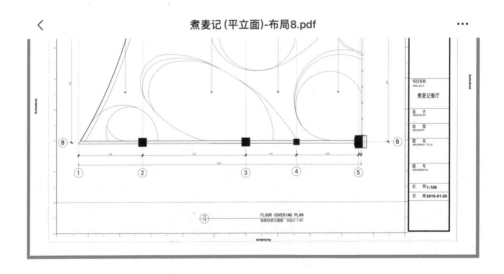

图8-5　煮麦记空间设计方案平面图

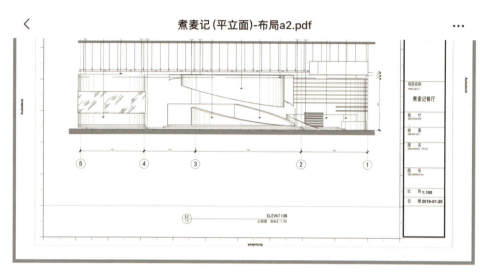

图8-5（续）　煮麦记空间设计方案平面图

图8-6　煮麦记空间设计方案效果图

151

（三）揭阳有有小串——情怀店

这个项目的空间同样不大，需要在设计时充分考虑它的造价和功能性，争取做到既实用又有趣。所以我们想在外立面上设计一个可以动态装饰平面，希望路过的行人可以因为不一样的动态外立面而被吸引。因为当地天气特点，大部分店铺都是没有窗户的，所有店铺拉开卷帘门就开始营业，整个场地都是开敞的。所以，根据这个情况我们在它的整体立面上划分了五个部分：第一个是入口空间（除了下班闭店，营业时间卷帘门始终保持开敞）；第二个是它的左侧厨房空间（玻璃透明可以看到里面烤串师傅操作，吸引流量）；厨房上方是第三个部分（可以看到被处理过的烟道，并且与其他整体区分开，被镀了金色，强化这个本应被隐藏起来的管道）；第四个是它的旁边保持了原有的水泥裸色，这样可以在全金属表皮上做一些粗糙材质的变化；最后一个部分就是整个右边的一二楼，原本想只用一个卷帘从上到下，但定制成本比较高而且高卷帘门很易坏，退而求其次，我们用了两个卷帘上下叠加，反而给这个竖向空间又增加了一个层次。这样二楼包房的窗子和一层室内的敞开空间就可以作为一个整体，被当作取景窗，路过的人都能看到。

我们想到了瓦楞板这种材料，它是由彩色涂层钢板或镀锌板等金属材料，通过冷弯工艺制作成的各种波形板材。它重量轻、强度高、色彩丰富、安装方便、抗震、防火、防雨以及寿命长且免维护，可以广泛应用于各种建筑和包装领域。在建筑方面，瓦楞板可以用作屋顶和墙壁的覆盖材料，有效防止渗水和风化。此外，它还能作为隔热、隔音、防潮和保温材料，为建筑提供多重保护。总的来说，瓦楞板因其多功能性和优良特性，已经成为建筑和包装行业的重要材料。材料是词语，而词语没有优劣。我们出于这种想法选择瓦楞板作为主体材料，并将其进行装饰化表现，在提供材料自身的功能性的同时，强化其装饰性语言。这样，日常的材料也可以通过合理的空间设计而达到更为特殊的视觉效果。此外，轻盈的木制框架结构与大面积的开窗，将空气与阳光引入室内，形成良好的通风采光，营造出舒适的室内体感环境（见图8-7）。

图8-7　揭阳有有小串——情怀店空间设计效果图

图8-7（续） 揭阳有有小串——情怀店空间设计效果图

通过这个设计项目，我们进一步思考了装饰材料在设计中的应用。在我国，装饰材料有着悠久的历史，过去仅用于王室和贵族，如今已成为每个家庭的必需品。常见的材料包括木材、石材、陶瓷等，种类繁多，但逐渐呈现出一致性，比如卫生间用瓷砖，地面用地板等。作为现代设计师，我们或者可以突破这些常规，探索新的材料和应用方式。非常规材料，例如不属于传统建材的材料，通过巧妙设计可以带来意想不到的效果。

绿色建材的发展也引起了我们的关注，这展示了利用废弃材料的新趋势。通过再创造，这些废品可以呈现出独特的美感和环保价值。在室内设计中，利用废弃材料不仅能带来好的装饰效果，还能节约成本和减少污染。非常规材料在某种意义上也是绿色建材的一种。比如，国外某酒吧利用废弃酒瓶作为装饰，创造出时尚、个性的风格，排列整齐的酒瓶形成了震撼的视觉效果，体现了酒吧文化。这些例子让我们意识到，人们对室内设计的要求不仅在形式上，也在材料上不断创新。非常规材料的选择和应用，如新材料的开发和旧材料的改造，能带来令人耳目一新的感觉，虽然它们可能有一些不足，但它们无疑会成为未来设计的重要趋势。最终，装饰材料的选择应该基于设计师的构思和整体风格的需要，最合适的才是最好的。

（四）乞老板餐厅

在设计这个项目的时候，我们首先想到了脚手架这种材料和形态。说起脚手架，大多数人认为脚手架只是用于建筑建造过程中起到支撑的作用或者便于施工人员攀爬作业的辅助工具。但在我们的眼里，任何材料都可以赋予不同空间以不同意义。这种起到支撑平衡作用的"工具"，同时具有临时性、可被拆除性、可移动性等特点，正是这些特点，给了我们一个很好的思路：这么机械的材料，是否可以被再设计和再利用？也就是说，它的价值和功能是否可以被重新解读？从这个角度出发我们设计了脚手架和鲸鱼相结合的，放置于整个餐饮空间中的装置作品。

我们在空间中使用"鲸鱼"这个形象，是因为受到当时新闻报道的日本排放核污水这件事情的影响。这让作为设计师的我们产生了很大的心理波动。这又让我们联想到海洋中的生物，那些生存了亿万年的生命，因为人类的一些不负责任的行为面临着极大的生存挑战，我们想到了"鲸落"。海洋是地球

155

的生命摇篮，占地球71%的面积。鲸鱼是海洋中最大的生物，"一鲸落，万物生"，指的是鲸鱼死后尸体沉入海底，不仅带来了新的物种，还为海底生物提供了充足的营养，促进了生态循环。然而，由于人类的活动，鲸鱼数量急剧减少，我们应该意识到与自然和谐共处是我们的责任。

我们最初并不确定这种装置形态放入商业空间中是否可行。通过对整体装置形态的进一步精细化的设计和表达，我们提供了和这个空间更加契合的装置方案。我们看到鲸鱼巨型的身体已经陷入地面，一层层破碎的砖土如海上大块的冰面，叠加、反复，在空间中展开。在鲸鱼旁边放置了脚手架来支撑起鲸鱼的身体，这两种形象也体现了工业与自然之间的对话，脚手架的末端加放了LED灯，通过变压器调节，白色的小灯一闪一闪，仿佛海边的灯塔，在守护也是给人以希望。

呼应着这组雕塑装置，它的旁边就是总服务台。我们采用了非装饰性处理，保留了水泥本色。为了体现空间中的主题性，我们把已经存在的钢筋水泥打破，在这些被重新打破的墙面内，我们嵌入了LED屏幕，反复播放的是大自然的种种现象：龙卷风、洪水、火山喷发，偶尔可以看到几条巨型鲸鱼在海中翻滚，我们希望通过这种空间中的影像的介入可以强化设计的主题，凸显空间的设计氛围。

卫生间的处理仍然延续着这种冲突，你能看到更直观的元素：斧头、镐、铲锹。把一个原本规整的体块破坏掉，之后再拿更现代的材料（玻璃砖）把残缺部分填满。内部空间亮起来后，外面看起来，三种元素交织在一起，既和谐又有点矛盾。外立面的处理，仍然呼应我们对于自然主题的思考。虽然它是一个立面，一个建筑表皮，但其实它是一个建筑的"剖面"。我们把一个餐厅内部存在的隐形元素全部都展现了出来。夸张的排风扇、通风管道、消防楼梯、没加装饰面的水泥和红砖，通过这些元素的并置构成了整个立面的设计效果。我们特意加装了电机系统，让风扇完全转了起来，在特殊光源的处理下，营造出仿佛置身于海洋中的空间幻觉。我们希望通过具象和非具象的材料语言和形象语言将主题性和情境化带入空间中，赋予空间更多的意义（见图8-8）。

图8-8　乞老板餐厅空间设计效果图

图8-8（续） 乞老板餐厅空间设计效果图

结　语

在设计过程中，有两本书给予了笔者很大启发，一本是由安东尼·邓恩（Anthony Dunne）和菲奥娜·拉比（Fiona Raby）合作完成的著作 *Speculative Everything: Design, Fiction, and Social Dreaming*，国内翻译成《思辨设计》，台湾版本是《全面推测：设计、虚构与社会梦想》[①]，另外一本是阿塞尔·维尔沃德特（Axel Vervoordt）的画册，是关于他对侘寂设计的分享和思考。[②]

思辨设计可被视为一种设计方法及思考方式，着重于运用设计师的想象力结合方法以及多领域的研究，颠覆对于既有世界的认知与刻板印象。思辨的目的在于撼动现在，而并非预测未来。运用思辨的方法描绘出另一个可能世界的想象，启发人们对于现在的思考。许多人会认为这样的设计理念与商业设计是相互抵触的，但笔者认为在一个蕴含丰富文化的社会之中，需要的是各式各样的不同类型的艺术家和设计师，能将设计触及社会、教育、人文、经济、政治与艺术等层面。推测设计不是一种技能，而是一种思考。一种对于任何观点能有清醒的判断和自觉的认识，一种具有批判性及独立思考的能力。

从推测设计的角度再进入阿塞尔·维尔沃德特的侘寂风格时，这种不同的思路带来的碰撞产生了十分有趣的化学变化。阿塞尔·维尔沃德特作为当代极具影响力的侘寂设计大师、艺术家和收藏家，于1947年出生在比利时安特卫普。他的父亲是商人，母亲则是一位充满艺术才华的知识分子。因为家庭背景，他从小就被艺术环绕，天生具备非凡的艺术感知能力。他对东方侘

---

① 邓恩，A.，拉比，F. 全面推测：设计、虚构与社会梦想 [M]. 剑桥：麻省理工学院出版社，2024.
② 阿塞尔·维伍德，A.，三木忠直，T.，麦克米伦，M.，等. 阿塞尔·维伍德：侘寂的灵感 [M]. 伦敦：泰晤士与哈德逊出版社，2010.

寂（Wabi-Sabi）的探索使他在设计、艺术和收藏领域赢得了广泛赞誉。阿塞尔·维尔沃德特的艺术和生活哲学称为"volledig"，即"空虚的充实"。他认为最大的奢侈是在繁忙的城市中过着简朴的乡村生活。1969年春，21岁的他在安特卫普市中心发现了一条中世纪小巷，并购买了11栋亟须修缮的老房子，逐一修复，创建了阿塞尔·维尔沃德特公司。这些建筑与他的家、艺术和古董事业紧密结合，展现了他对建筑、美感以及过去、现在和未来融合的追求。

阿塞尔·维尔沃德特对侘寂——一种禅宗美学的观点是：认为真正的美是不完美、不完整、无常的——有强烈的亲和感。他的作品中没有现代气派，只有通过平静空间展现的极简生活美学。他的设计结合古董与定制家具，营造出安静而惬意的生活美学，体现了侘寂之美。他认为家是与亲友共享私密时光的空间，应能疗愈和滋养心灵。他的家中没有繁华装饰，只有简朴的水泥地面、舒适的颜色和富有时间痕迹的摆饰。艺术是发现自我的方式，和艺术一起生活是一种感受事物的方式。他喜欢古老的墙壁，因为它们随着时间推移，变得如油画般柔和。他认为极简主义的问题在于过于教条，而他更喜欢时间赋予物品的柔软度。他通过结合古董与定制灯具和家具，在家中营造出平静的空间，寻找安静惬意的生活美学，呈现出东方"侘寂"之美。他说道："建筑应当简单，我通过最谦卑的方式呈现其本真，尽可能保留建筑的过去与未来。"

当阿塞尔·维尔沃德特的精神性的设计实践与安东尼·邓恩和菲奥娜·雷比的设计思辨的前卫和探索结合在一起时，我似乎看到设计像是一段两端带有箭头的线，一头指向历史，一头指向未来；或者也可以说一头指向自然、灵魂、天性，一头指向现实、理性和思辨。而中间的那条线是我们的当下，是我们的真实和期待。

我们一直在寻找一种平衡，一种表达自我以及与公众产生共鸣之间的平衡。在一种大众审美的笼罩下，我们从未停止寻找一次去表达自我，表达一种不同声音的机会。我们希望可以有机会去让我们的意识和设计作品感染别人。

设计在现实与梦想中架起了桥梁，设计师一手攥着功能、造价、落地等实打实的现实问题，另一只手轻轻地伸向梦想和未来。

参考文献

［1］亚历山大，C.，石川，S.，西尔弗斯坦，M.，等.建筑模式语言：城镇·建筑·构造［M］.牛津：牛津大学出版社，1977.

［2］安东内利，P. 与我对话：人与物体之间的设计与交流［M］.纽约：现代艺术博物馆，2011.

［3］班纳姆，R. 第一机器时代的理论与设计［M］.纽约：普雷格出版社，1960.

［4］巴瓦，G. 热带现代主义［M］.伦敦：泰晤士与哈德逊出版社，1986.

［5］比特利，T. 生物爱好城市：将自然融入城市设计与规划［M］.华盛顿D.C.：岛屿出版社，2011.

［6］贝丁顿，N. 灵活空间设计：多功能空间的新方法［J］.建筑设计，2007，77（2）：64-71.

［7］比伦，F. 色彩心理学与色彩疗法：色彩对人类生活影响的实证研究［M］.纽约：麦格劳–希尔，1961.

［8］比伦，F. 色彩与人类反应：光与色彩对生命体反应及人类福利的影响［M］.纽约：约翰·威利出版社，1978.

［9］布朗，T. 通过设计变革：设计思维如何改造组织并激发创新［M］.纽约：哈珀商业出版社，2009.

［10］卡尔波，M. 第二次数字转向：超越智能的设计［M］.剑桥：麻省理工学院出版社，2017.

［11］克拉克森，P. J.，科尔曼，R.，基茨，S.，等.包容性设计：为全体人群设计［M］.伦敦：施普林格出版社，2003.

［12］克罗斯，N. 设计思维：理解设计师的思维与工作方式［M］.牛津：伯

格出版社，2011.

[13] 卡思伯特，A. R. 城市形态：政治经济学与城市设计［M］.马尔登：威利－布莱克威尔出版社，2006.

[14] 德鲁克，J. 可见的文字：现代艺术中的实验性排版，1909—1923［M］.芝加哥：芝加哥大学出版社，1994.

[15] 邓恩，A.，拉比，F. 全面推测：设计、虚构与社会梦想［M］.剑桥：麻省理工学院出版社，2024.

[16] 芬隆，W. 上海迪士尼乐园的文化适应［J］.主题公园研究杂志，2016，2（1）：45–60.

[17] 费舍尔，K. 有效学习环境的识别研究［J］.教育评估与研究，2005，19（1）：1–16.

[18] 弗拉斯卡拉，J. 传播设计：原则、方法与实践［M］.纽约：奥尔沃斯出版社，2004.

[19] 盖尔，J. 为人而建的城市［M］.华盛顿D.C.：岛屿出版社，2010.

[20] 贡布里希，E. H. 秩序感：装饰艺术心理学研究［M］.伊萨卡：康奈尔大学出版社，1979.

[21] 戈特迪纳，M. 美国的主题化：美国梦、媒体幻想与主题环境［M］.博尔德：西视出版社，2001.

[22] 哈布拉肯，N. J. 普通结构：建筑环境中的形式与控制［M］.剑桥：麻省理工学院出版社，1998.

[23] 霍尔，P. 设计苹果：全球最佳商店设计的过程与经验［M］.波士顿：哈佛商业评论出版社，2014.

[24] 汉密尔顿，D. K.，沃特金斯，D. H. 基于证据的设计：多类型建筑［M］.霍博肯：约翰·威利出版社，2009.

[25] 亨德里克，A.，周，M. P.，斯凯尔琴斯基，B. A.，等. 一项36家医院的时间与动作研究：医疗外科护士如何分配他们的时间？［J］.永久杂志，2008，12（3）：25–34.

[26] 海尔格伦，A.，比安琴，M. 包容性设计与优良设计的关联：作为审议性企业行为的设计［J］.设计研究，2013，34（1）：93–110.

［27］伊姆里，R.，霍尔，P. 包容性设计：设计与开发无障碍环境［M］.
伦敦：泰勒与弗朗西斯出版社，2001.

［28］詹克斯，C. 后现代建筑语言［M］. 纽约：Rizzoli 国际出版公司，
1991.

［29］约瑟夫，A.，马龙，E. 医院设计对临床工作流程的影响［R］. 康科
德：健康设计中心，2012.

［30］卡普兰，R. 自然的恢复性益处：走向一个综合框架［J］. 环境心理学
杂志，1995，15（3）：169–182.

［31］凯勒特，S. R. 生命建筑：设计与理解人类与自然的联系［M］. 华盛顿
D.C.：岛屿出版社，2005.

［32］凯勒特，S. R.，卡拉布里斯，E. F. 生物爱好设计实践［R］. 纽约：翠绿
露台，2015.

［33］基伯特，C. J. 可持续建筑：绿色建筑设计与交付［M］. 霍博肯：约翰·
威利出版社，2016.

［34］基珀，G.，兰波拉，J. 增强现实：AR 技术指南［M］. 波士顿：辛格
雷斯出版社，2012.

［35］高健，J. 新加坡的可持续建筑：绿色迷宫［M］. 新加坡：施普林格出
版社，2014.

［36］柯伦，L. 迪士尼幻想工程：揭秘梦想背后的魔法制作［M］. 纽约：迪
士尼出版社，2010.

［37］库赫，G. D. 我们从 NSSE 学到的关于学生参与的内容：有效教育实践
的基准［J］. 变革：高等教育杂志，2003，35（2）：24–32.

［38］拉夫，J.，温格，E. 情境学习：合法的边缘参与［M］. 剑桥：剑桥大
学出版社，1991.

［39］劳森，B.，菲里，M. 建筑医疗环境及其对患者健康结果的影响：
NHS 地产资助的研究报告［R］. 伦敦：政府办公厅，2003.

［40］林腾纳尔，E. T. 记忆的保存：创建美国大屠杀纪念馆的斗争［M］.
纽约：哥伦比亚大学出版社，2001.

［41］卢普顿，E.，米勒，J. A. 设计写作研究：关于平面设计的写作［M］.

伦敦：法顿出版社，1999.

[42] 林奇，K. 城市意象 [M]. 剑桥：麻省理工学院出版社，1960.

[43] 马尔金，J. 基于证据的设计视觉参考 [R]. 康科德：健康设计中心，2008.

[44] 麦卡洛，C. S. 基于证据的医疗设施设计 [M]. 印第安纳波利斯：西格玛西塔陶出版社，2010.

[45] 麦卡洛，M. 数字场地：建筑、普及计算与环境认知 [M]. 剑桥：麻省理工学院出版社，2004.

[46] 诺曼，D. A. 情感设计：我们为什么爱（或恨）日常物品 [M]. 纽约：基础书籍出版社，2004.

[47] 诺曼，D. A. 日常事物的设计：修订与扩展版 [M]. 纽约：基础书籍公司，2013.

[48] 奈加德，K. 空间规划与设计 [M]. 阿宾登：劳特利奇出版社，2015.

[49] 奥布林格，D. G. 学习空间 [M]. 博尔德：EDUCAUSE 出版社，2006.

[50] 普拉兹，M. 室内装饰史图解：从庞贝到新艺术风络 [M]. 伦敦：泰晤士与哈德逊出版社，1964.

[51] 普赖瑟，W. F. E.，奥斯特罗夫，E. 通用设计手册 [M]. 纽约：麦格劳–希尔出版社，2001.

[52] 拉姆，P. 动态装饰与互动设计 [M]. 剑桥：麻省理工学院出版社，2012.

[53] 里格尔，A. 风格问题：装饰艺术史的基础 [M]. 柏林：乔治·雷默出版社，1901.

[54] 萨德勒，B. L.，贝瑞，L. L.，贡瑟，R.，等. 寓言医院2.0：建设更好医疗设施的商业案例 [J]. 黑斯廷斯中心报告，2011，41（1）：13–23.

[55] 桑德斯，E. B. N.，斯塔普斯，P. J. 共创与设计的新景观 [J]. 共创设计，2008，4（1）：5–18.

[56] 斯科特，F. 为残疾人设计：新范式 [M]. 伦敦：RIBA 企业出版社，2009.

[57] 塞内特，R. 公共人的衰落 [M]. 纽约：阿尔弗雷德·A. 克诺夫出版

社，1977.

[58] 肖内西，A. 如何成为一名不失灵魂的平面设计师 [M]. 纽约：普林斯顿建筑出版社，2013.

[59] 西伯斯，T. 残疾美学 [M]. 安娜堡：密歇根大学出版社，2010.

[60] 斯帕克，P. 设计与文化导论：从1900年至今 [M]. 阿宾登：劳特利奇出版社，2013.

[61] 斯皮尔恩，A. W. 花岗岩花园：城市自然与人类设计 [M]. 纽约：基础图书公司，1984.

[62] 斯坦菲尔德，E.，麦瑟尔，J. 通用设计：创建包容性环境 [M]. 霍博肯：约翰·威利出版社，2012.

[63] 汤森，A. M. 智慧城市：大数据、公民黑客与新乌托邦的追求 [M]. 纽约：W. W. 诺顿公司，2013.

[64] 伦敦交通局. 无障碍通行：让地铁变得可达 [R]. 伦敦：TfL，2020.

[65] 美国司法部. 美国残疾人法无障碍设计标准 [S]. 华盛顿D.C.：美国政府印刷局，2010.

[66] 乌尔里奇，R. S. 通过窗户的景色可能影响手术后的恢复 [J]. 科学，1984，224（4647）：420-421.

[67] 乌尔里奇，R. S.，齐姆林格，C.，朱，X.，等. 基于证据的医疗设计研究文献综述 [J].HERD：医疗环境研究与设计杂志，2008，1（3）：61-125.

[68] 乌尔基奥拉，P. 情感设计 [M]. 纽约：法登出版社，2017.

[69] 戈普，T.，亚当斯，E. 情感设计 [M]. 波士顿：摩根·考夫曼出版社，2012.

[70] 阿塞尔·维伍德，A.，三木忠直，T.，麦克米伦，M.，等. 阿塞尔·维伍德特：侘寂的灵感 [M]. 伦敦：泰晤士与哈德逊出版社，2010.

[71] 魏德曼，K. 品牌标识：传播策略与设计 [M]. 柏林：施普林格出版社，2002.

[72] 温塔尔，L. 迈向新内饰：室内设计理论文集 [M]. 纽约：普林斯顿建筑出版社，2011.

［73］温塔尔，L. 材料与室内设计［M］. 纽约：约翰·威利出版社，2010.

［74］怀特，W. H. 小型城市空间的社会生活［M］. 纽约：公共空间项目公司，1980.

［75］杨，K. 生态设计手册［M］. 霍博肯：约翰·威利出版社，2006.